EinFach Mathe 5/6

Flächen und Körper

Bearbeitet von:
Hans-Peter Anders, Petra Kunert,
Gernot Mahn, Hans-Joachim Püffke

Unter Mitarbeit von:
Karl-Heinz Barth, Konrad Fecke,
Sigurd Hein, Jürgen Thomann,
Heyo Wulff

Bildquellenverzeichnis

S. 15: oben: Foto: Hans-Peter Anders; Mitte: Foto: Sören Pollmann/Verlagsarchiv Schöningh; S. 21: oben: Foto: BONGARTS/Volker Boch; unten: Foto: Hans-Peter Anders; S. 25: Foto: Gerhard Sander/Verlagsarchiv Schöningh; S. 28: Mitte: Foto: dpa; Fotos oben und unten: Verlagsarchiv Schöningh; S. 29, 31, 38, 40, 57 unten Mitte und rechts, 59 unten links, 61 unten links und Mitte: Fotos: Verlagsarchiv Schöningh; S. 33: Foto: dpa/Jens Büttner; S. 36: Foto: dpa; S. 39: Foto J: Jochen Emde, Stadt Oberhausen; S. 39, Foto I, und S. 61 unten rechts: © Stadt Bottrop; S. 57 unten links: Foto: laenderpress, Düsseldorf; S. 59 unten Mitte: Foto: dpa/Dorian Weber; unten rechts: Foto: dpa/Oliver Soulas;

Illustrationen: Susanne Kuhlendahl/Verlagsarchiv Schöningh

© 2001 Ferdinand Schöningh, Paderborn;

© ab 2004 Bildungshaus Schulbuchverlage
Westermann Schroedel Diesterweg Schöningh Winklers GmbH
Braunschweig, Paderborn, Darmstadt

www.schoeningh-schulbuch.de
Schöningh Verlag, Jühenplatz 1–3, 33098 Paderborn

Das Werk und seine Teile sind urheberrechtlich geschützt.
Jede Nutzung in anderen als den gesetzlich zugelassenen Fällen bedarf der vorherigen schriftlichen Einwilligung des Verlages.
Hinweis zu § 52a UrhG: Weder das Werk noch seine Teile dürfen ohne eine solche Einwilligung gescannt und in ein Netzwerk gestellt werden.
Das gilt auch für Intranets von Schulen und sonstigen Bildungseinrichtungen.

Auf verschiedenen Seiten dieses Buches befinden sich Verweise (Links) auf Internet-Adressen. Haftungshinweis: Trotz sorgfältiger inhaltlicher Kontrolle wird die Haftung für die Inhalte der externen Seiten ausgeschlossen. Für den Inhalt dieser externen Seiten sind ausschließlich deren Betreiber verantwortlich. Sollten Sie dabei auf kostenpflichtige, illegale oder anstößige Inhalte treffen, so bedauern wir dies ausdrücklich und bitten Sie, uns umgehend per E-Mail davon in Kenntnis zu setzen, damit beim Nachdruck der Verweis gelöscht wird.

Druck 7 6 5 / Jahr 2013 12 11
Die letzte Zahl bezeichnet das Jahr dieses Druckes.

Druck und Bindung: westermann druck GmbH, Braunschweig

ISBN 978-3-14-037305-0

Inhaltsverzeichnis

Aufbruch zur zweiten Dimension – Flächen — 5

1. Flächen im Vergleich — 6
2. Flächenmaße — 9
3. Umwandlung von Flächenmaßen — 12
4. Die Kommaschreibweise bei Flächenmaßen — 15
5. Berechnung der Flächeninhalte — 19

Die dritte Dimension – Volumen — 23

1. Volumenmaße — 24
2. Umwandlung von Volumenmaßen — 26
3. Die Kommaschreibweise bei Volumenmaßen — 29
4. Der Rauminhalt des Quaders — 32
5. Andere Hohlmaße — 35

Körper, Netze und Flächen — 37

1. Geometrische Körper — 38

   Mathe aktiv: Körper herstellen – hohl und voll — 42

2. Quader und Würfel — 43
3. Netze von Quader und Würfel — 46

   Mathe aktiv: Von einem Würfelspiel mit Eisbären, Löchern und Fischen — 48

4. Netze anderer Körper — 50
5. Schrägbilder von Quadern — 53

   Lerntipp: Spielend lernen – mit Memory — 57

Lösungen — 63

Aufbruch zur zweiten Dimension – Flächen

Flächen im Vergleich

Im Kunstunterricht der Klasse 6 beschäftigen sich die Schülerinnen und Schüler mit dem Thema „Flächengestaltung". Anschließend stellen Peter und Claudia ihre Arbeiten vor und streiten sich darüber, bei wem die gelbe Fläche größer ist.

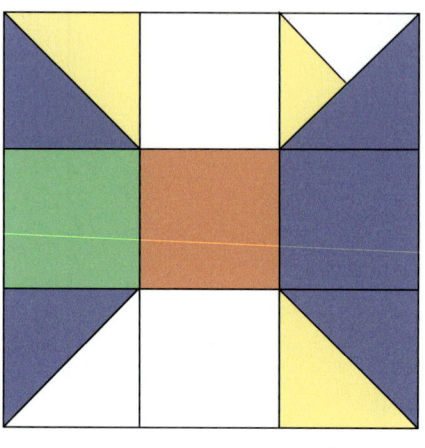

Abb. 1

Abb. 2

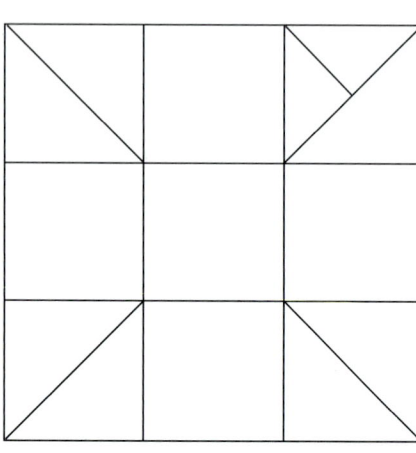

Abb. 3

1. Fülle in der Arbeit oben rechts (Abbildung 3) die Flächen wie in Abbildung 1 farbig aus.

2. Aus wie vielen Dreiecken bestehen die weißen und die gelben Flächen der Arbeit?
   Die weißen und die gelben Flächen bestehen aus _____ Dreiecken.

3. Vergleiche die weißen Flächen der beiden Arbeiten nach der Größe.
   In Abb. 1 beträgt sie _____ kleine Quadrate.
   In Abb. 2 beträgt sie _____ kleine Quadrate.

4. Erstelle in dem Quadrat rechts eine eigene Musterung, bei der die Farbanteile wie in Abbildung 1 sind.

MEMO

Flächen können wir mit Hilfe gemeinsamer Raster vergleichen.

Lösungen

2. aus acht Dreiecken. 3. Abb. 1: 11, Abb. 2: 13

Übungen

Die Flächeninhalte der folgenden Figuren kannst du mit Hilfe der Vergleichsflächen bestimmen.

1 Zeichne die farbigen Vergleichsflächen in die Figuren und bestimme ihre Anzahl.

2 Welche Figur hat den größten Flächeninhalt?

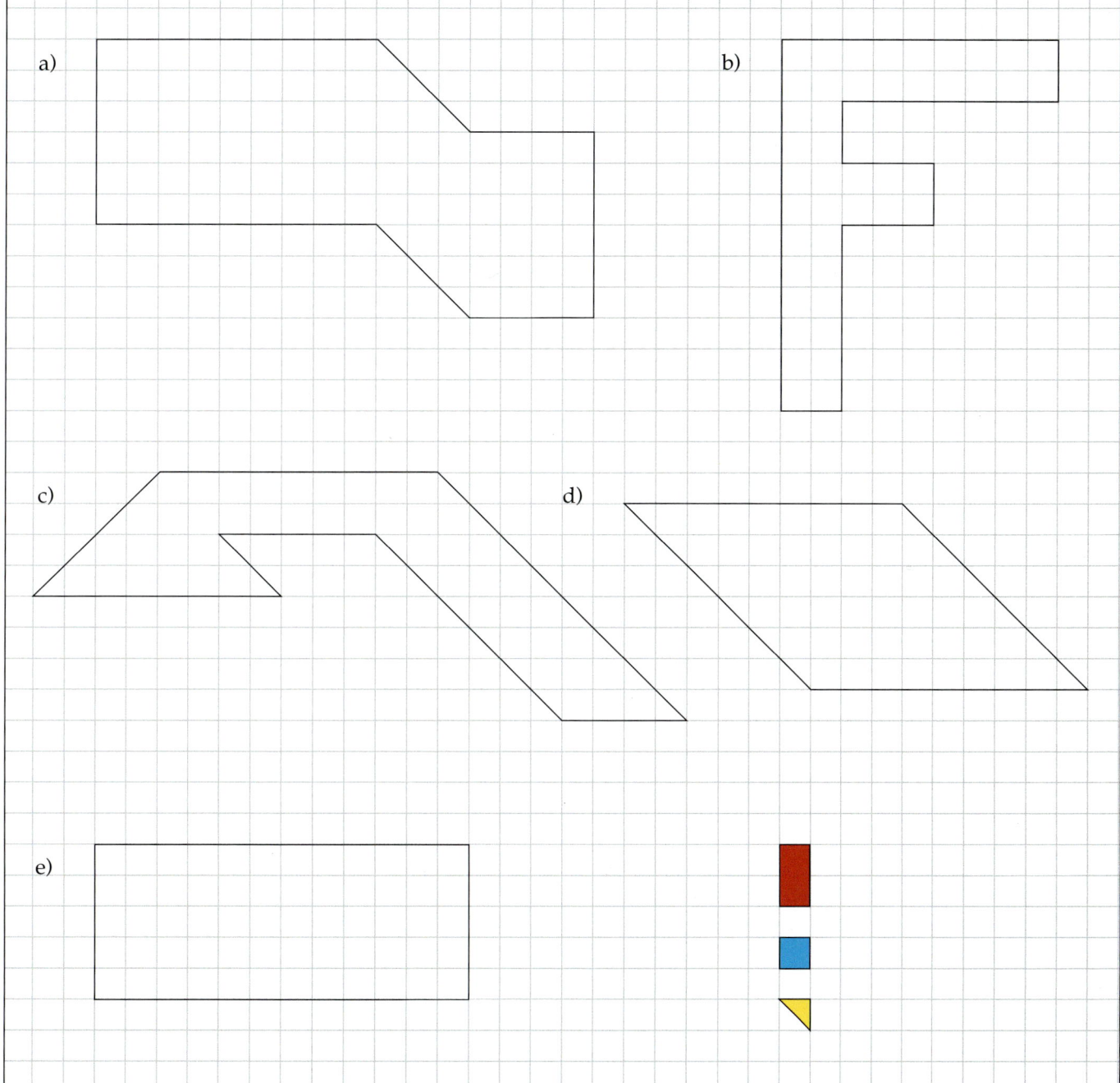

Lösungen

1. a) 45 rote/3 blaue/6 gelbe Felder. b) 22 rote Felder. c) 20 rote/8 blaue/20 gelbe Felder. d) 24 rote/12 gelbe Felder. e) 30 rote Felder. **2.** Figur a) hat den größten Flächeninhalt.

Übungen

1 Vergleiche die Größe der beiden Flächen miteinander.

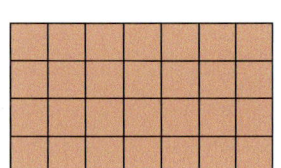

Die rote Fläche besteht aus _____ Kästchen und die blaue aus _____ Kästchen.

2 a) Vergleiche die Größe der Flächen der italienischen Fahne miteinander.
b) Auch die deutsche Fahne besteht aus drei Flächen. Vergleiche ihre Größen mit denen der italienischen Flagge.
c) Die Flagge der USA besteht aus verschiedenen Flächen. Vergleiche die Größe der roten, der weißen und der blauen Fläche miteinander.

3 Zeichne ein Quadrat mit der Kantenlänge 1 dm und bestimme die Anzahl der darin liegenden Rasterkästchen.

4 Zeichne in deinem Heft ein Rechteck mit 5 cm Länge und 7 cm Breite.
a) Wie viele Kästchen liegen in dem Rechteck?
b) Wie viele Quadrate mit der Kantenläge 1 cm passen in das Rechteck?

5 Bestimme die Anzahl der Kästchen
a) innerhalb des Vollkreises,
b) des gesamten Feldes.
c) Welches Problem entsteht bei der Bestimmung der Kreiskästchen?

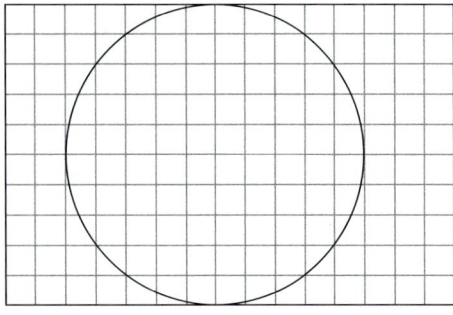

6 Vervollständige in den Figuren die Einteilungen und fülle die Tabelle aus.

	a)	b)	c)	d)
Anzahl der Quadrate pro Zeile				
Anzahl der Zeilen				
Anzahl der Quadrate insgesamt				

a) 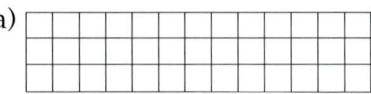   b)

c) 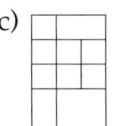   d)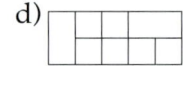

7 a) Ordne die Flächen nach der Größe.

A: _____ Kästchen   B: _____ Kästchen

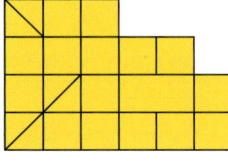   

C: _____ Kästchen   D: _____ Kästchen

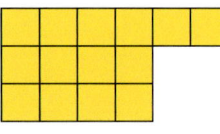   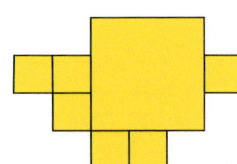

E: _____ Kästchen   F: _____ Kästchen

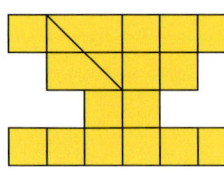   

b) Welche Fläche kannst du am leichtesten bestimmen? Warum?

Lösungen

1. Beide 28. **2.** a) gleich, b) gleich, c) rot>weiß>blau. **3.** 100. **4.** a) 140, b) 35. **5.** a) 78, b) 150, c) die Teilungen von Kästchen. **6.** Anzahl der Quadrate insgesamt: a) 36, b) 24, c) 15, d) 10. **7.** a) F>A>E>D>C>B. b) Fläche F wegen der quadratischen Form.

Flächenmaße

Beim Umzug streiten sich Peter und seine Schwester Claudia, weil beide das größere Kinderzimmer beziehen wollen. Eins ist 4 m lang und 4,50 m breit und das andere ist 5 m lang und 3,60 m breit. Zusammen mit ihren Eltern versuchen sie den Streit zu schlichten. Mutter schlägt vor, einfach die Flächengrößen zu vergleichen.

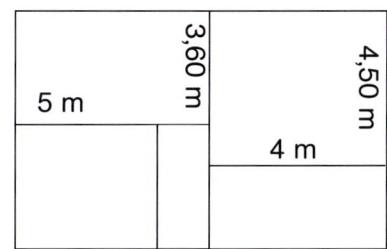

1. Claudia nimmt sich sofort einen Zettel und beginnt zu zeichnen.
   Die Zimmer sollen mit Teppichfliesen mit einer Kantenlänge von 50 cm ausgelegt werden. Wie viele davon benötigt man jeweils für die beiden Zimmer?

   Für die Zimmer benötigt man _____ bzw. _____ Fliesen.

2. Karin und Michael haben zu Hause die Teppichfliesen in ihren Zimmern gezählt.
   a) Wer von beiden hat das größere Zimmer, wenn Karins Zimmer mit 108 Fliesen der Kantenlänge 40 cm und Michaels mit 192 Fliesen der Kantenlänge 30 cm ausgelegt ist?
   b) Warum ist der Vergleich so schwierig?
   c) Löse das Problem zeichnerisch auf Millimeterpapier.

3. Suche in eurer Wohnung einen Raum, der mit quadratischen Fliesen ausgelegt ist.
   a) Wie lang und breit sind die Fliesen?
   b) Bestimme ihre Anzahl.
   c) Zeichne die Fläche und die Fliesen dieses Raumes in dein Heft.
      (Hinweis: Eine Fliese entspricht einem Kästchen.)

MEMO

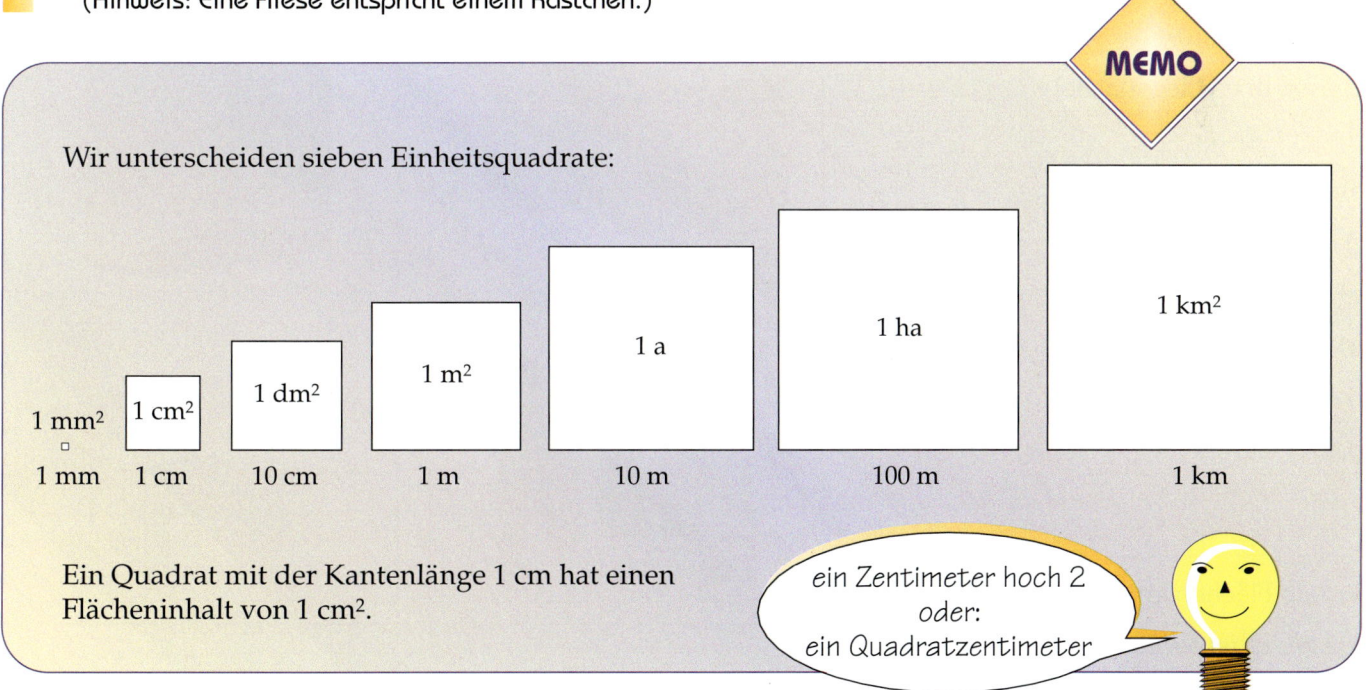

Wir unterscheiden sieben Einheitsquadrate:

Ein Quadrat mit der Kantenlänge 1 cm hat einen Flächeninhalt von 1 cm².

ein Zentimeter hoch 2
oder:
ein Quadratzentimeter

Lösungen

1. 72/72. 2. Beide Zimmer sind gleich groß. b) Wegen der unterschiedlichen Kantenlängen ist der Vergleich so schwierig. c) siehe Lösungen S. 63

Übungen

1 Hier siehst du ein Rechteck, das 15 cm lang und 7,5 cm breit ist.

a) Teile es in Quadrate mit der Seitenlänge 1 cm ein.

b) Wie viele dieser Quadrate passen in das Rechteck?

2 Stelle aus Zeitungen durch Ausschneiden und Zusammenkleben eine Fläche von einem Quadratmeter her und bestimme die folgenden Flächeninhalte:

a) den Fußboden deines Zimmers

b) eure Haustür

c) dein Bett (Liegefläche)

d) ein Fenster

e) ein Poster

f) eine Zimmertür

g) eure Schrankwand

h) eine Tischplatte

i) einen Spiegel

j) euer Garagentor

3 Gib Flächen an, deren Flächeninhalt

a) kleiner ist als ein Quadratmeter,

b) größer ist als ein Quadratmeter.

Lösungen

1. b) 102 Quadrate. **2.** a) z. B. Liegefläche Bett ... b) z. B. Blatt Papier ... **3.** a) z. B. Antwort: Blatt Papier ... b) z. B. Liegefläche Bett

Übungen

1 Wie groß ist der Flächeninhalt eines Quadrates mit der Kantenlänge von

a) 1 mm b) 2 cm c) 1 dm d) 5 m
e) 10 m f) 100 m g) 1 km?

2 In welchen Einheiten würdest du die folgenden Flächen angeben? Die Buchstaben neben den richtigen Antworten ergeben das Lösungswort.

Fußballplatz:	m^2	R	
	km^2	P	_____
	cm^2	S	
Kartoffelacker:	ha	A	
	dm^2	E	_____
	mm^2	P	
eine Seite deines Mathematikbuches:	cm^2	K	
	m^2	G	_____
	mm^2	L	
die Fläche von Deutschland:	m^2	I	
	dm^2	A	_____
	km^2	E	
eine Briefmarke:	m^2	F	
	dm^2	O	_____
	mm^2	T	
deinen Ausweis:	cm^2	E	
	ha	U	_____
	dm^2	A	

Lösungswort: ___ ___ ___ ___ ___ ___

3 Gib in einer geeigneten Maßeinheit an:

a) Fläche deines Zimmers,
b) Fläche eines Blattes aus deinem Heft,
c) Fläche eines Tennisplatzes,
d) Fläche einer Tischplatte,
e) Fläche eines Ferienfotos,
f) Fläche eines Computerchips,
g) Fläche deines Bundeslandes.

4 In der Landwirtschaft und bei Grundstücksgrößen wird häufig mit Hektar (ha) und Ar (a) gearbeitet.
Fülle die folgende Tabelle aus.

	Längenmaß	Flächenmaß	Beispiel
a)	Millimeter		
b)		cm^2	
c)			Heftseite
d)	Meter		Grundstück
e)		a	
f)		ha	
g)	Kilometer		

5 Finde die Größen der folgenden Flächen heraus:

a) Ein Fußballfeld hat einen Flächeninhalt von _____ m^2.

b) Eine Judomatte hat einen Flächeninhalt von _____ m^2.

c) Ein Kornfeld in deiner Nähe hat einen Flächeninhalt von _____ m^2.

6 Herr Maier schreibt folgenden Satz an die Tafel:

a) Wie viele solcher Teilflächen hat eure Schultafel?
b) Wie groß ist der Flächeninhalt der Teilflächen?

7 In der Landwirtschaft wird der Flächeninhalt häufig in Morgen angegeben. In NRW entspricht 1 Morgen $\frac{1}{4}$ ha.

a) Ein Morgen entspricht einer Fläche von _____ m^2.

b) Bauer Weiler hat drei Felder, die weit auseinander liegen und je 1 Morgen groß sind. Im Rahmen der Gebietsreform kann er diese gegen Felder einer Gesamtfläche von 8000 m^2 eintauschen, die näher an seinem Hof liegen. Sollte er auf das Angebot eingehen?

Lösungen

1. a) 1 mm^2; b) 4 cm^2; c) 1 dm^2; b) 25 m^2; e) 100 m^2; f) 10000 m^2; g) 1 km^2. **2.** Lösungswort: Rakete. **3.** a) m^2; b) dm^2; c) m^2; d) m^2; e) cm^2; f) mm^2; g) km^2. **4.** a) mm^2, Computerchip; b) Zentimeter, Heftseite; c) dm, dm^2; e) 10 m, Grundstück; f) 100 m, Feld; g) km^2, Landesfläche. **5.** a) 8000; b) 81–100 m^2; c) ca. 5000; **6.** a) 6; b) 1 m^2. **7.** a) 2500; b) Ja, denn er tauscht 7500 m^2 gegen 8000 m^2.

3 Umwandlung von Flächenmaßen

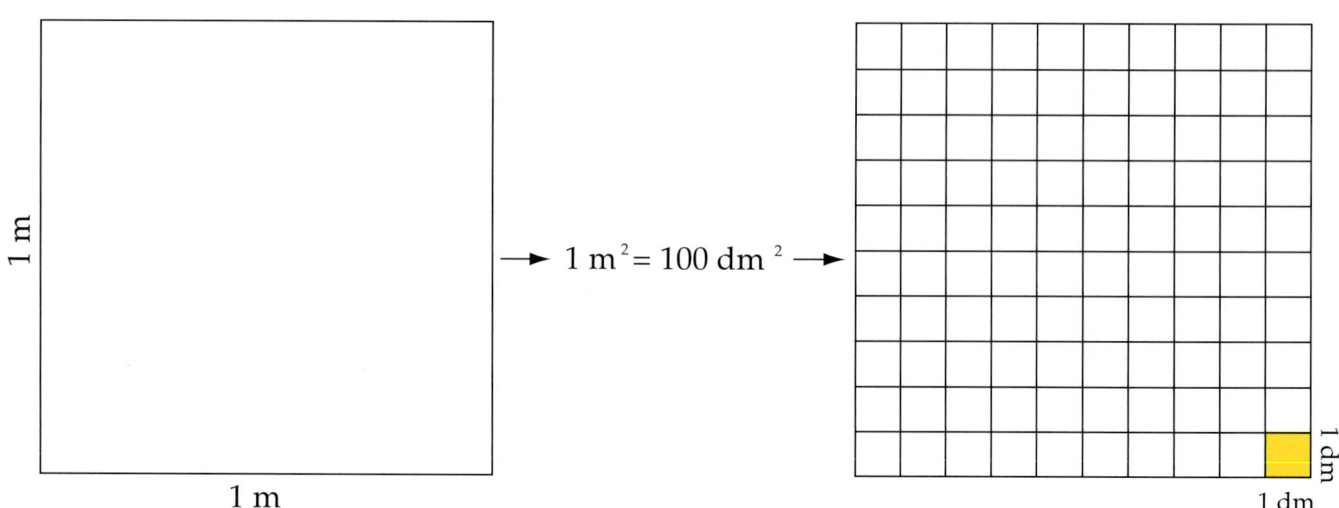

1. Zähle im rechten Quadrat ab:

    a) In einer Reihe sind _____ Dezimeterquadrate.

    b) Die Anzahl der Reihen beträgt _____ .

    c) Deshalb gibt es in einem Meterquadrat _____ Dezimeterquadrate.

2. In einem Dezimeterquadrat gibt es _____ Zentimeterquadrate.

3. Hier siehst du eine Fläche von 1 cm².
    a) Wie viele Teilflächen zählst du?
    b) Wie groß ist eine Teilfläche?

4. a) 1 Ar hat eine Kantenlänge von 10 m. Aus wie vielen Teilen zu 1 m² besteht sie?
    b) Aus wie vielen Quadraten mit der Kantenlänge 1 m besteht eine Fläche von einem Hektar, die einem Quadrat mit der Kantenlänge 100 m entspricht?

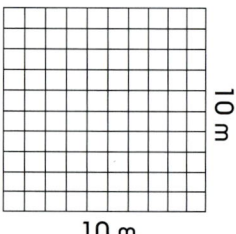

MEMO

Bei Flächenmaßen ist die Umwandlungszahl 100.

Quadratkilometer Hektar   Ar   Quadratmeter   Quadratdezimeter   Quadratzentimeter   Quadratmillimeter

$1\ km^2 = 100\ ha$
$1\ ha = 100\ a$
$1\ a = 100\ m^2$
$1\ m^2 = 100\ dm^2$
$1\ dm^2 = 100\ cm^2$
$1\ cm^2 = 100\ mm^2$

Lösungen

1. a) 10, b) 10, c) 100; 2. 100; 3. a) 100, b) 1 mm²; 4. a) 100, b) 10000

Löse das folgende Kreuzzahlrätsel:

Waagerecht:

1) 1 460 000 cm² in m²
4) 177 500 a in ha
7) 272 403 m² in m²
9) 14 000 000 mm² in m²
11) 2 860 500 m² in a
12) 5 m² 230 000 mm² in dm²
13) 0,3 ha in m²
14) 479 700 mm² in cm²
15) 5 km² 570 800 000 000 mm² in a
17) 3 ha 48 a in m²
18) 8 765,2 dm² in cm²
21) 8 530 000 a in km².
22) 7 km² 60 ha 7 300 m² in a
23) 3 km² 450 a in m²
25) 7 025 000 000 cm² in m²
26) 0 m² 4 700 cm² in dm²
27) 75 dm² 35 mm² in mm²

Senkrecht:

1) 12 230 000 cm² in dm²
2) 4 780 000 000 dm² in ha
3) 6 260 500 m² in a
4) 105 000 000 mm² in m²
5) 7 300 ha in km²
6) 5 129 a in a
8) 40 ha 53 600 dm² in m²
10) 43 750 000 cm² in m²
12) 578 dm² in mm²
14) 4 082,6 ha in m²
16) 7 km² 4 570 a in m²
18) 85 m² in dm²
19) 7 ha 342 700 dm² in m²
20) 17 ha 64 700 m² in a
21) 75 dm² 87 500 mm² in cm²
24) 555 000 000 mm² in m²
26) 4 500 000 000 dm² in km²

Lösungen

waagerecht: 1) 146, 4) 1775, 7) 272403, 9) 14, 11) 28605, 12) 523, 13) 3000, 14) 4797, 15) 55 708, 17) 30 048, 18) 876 520, 21) 853, 22) 70 607, 23) 3 045 000, 25) 702 500, 26) 47, 27) 7 503 5.
senkrecht: 1) 122 300, 2) 478, 3) 62 605, 4) 105, 5) 73, 6) 5129, 8) 400 536, 10) 4 375, 12) 5 780 000, 14) 40 826 000, 16) 7 457 000, 18) 8 500, 19) 73 427, 20) 1 764,7, 21) 8 758,75, 24) 555, 26) 45

Übungen

1 Schreibe in der nächstkleineren Einheit:

a) 90 cm² = _____ mm²
b) 5 ha = _____ a
c) 95 km² = _____ ha
d) 706 a = _____ m²
e) 6700 cm² = _____ mm²
f) 17 m² = _____ dm²

2 Schreibe in der gewünschten Einheit:

a) 450 300 ha = _____ km²
b) 56 300 a = _____ ha
c) 56 000 000 cm² = _____ a
d) 5600 ha = _____ cm²
e) 90 348 100 a = _____ m²
f) 89 m² 721 cm² = _____ mm²

3 Gib die folgenden Flächen in zwei Einheiten an:

Beispiel: 4 578 m² = 45 a 78 m²

a) 34 562 cm² = _____
b) 5 670 003 m² = _____
c) 452 908 dm² = _____
d) 67 521 ha = _____
e) 78 500 000 mm² = _____
f) 5678 km² = _____

4 Schreibe die folgenden Flächen in der kleineren angegebenen Einheit:

a) 572 cm² 67 mm² = _____
b) 56 a 3 cm² = _____
c) 56 dm² 0 mm² = _____
d) 78 a 674 m² = _____
e) 345 ha 78 645 dm² = _____
f) 9 a 45 dm² = _____

5 Setze jeweils das richtige Zeichen ein (<, > oder =).

a) 3 ha 45 a ☐ 345 a
b) 7 dm² 12 cm² ☐ 7012 cm²
c) 13 a ☐ 130 m²
d) 6000 mm² ☐ 6 dm²
e) 120 cm² ☐ 1 dm² 2 cm²
f) 142 dm² 45 mm² ☐ 142 045 mm²

6 Bauer Huber hat eine Weide mit einem Flächeninhalt von 720 m². Welche Fläche hat jedes seiner acht Pferde zur Verfügung?

7 Familie Meier will ihr Wohnzimmer mit neuen Teppichfliesen auslegen. Wie viele müssen gekauft werden, wenn die Gesamtfläche 32 m² beträgt und die Fliesen eine Fläche von 25 dm² haben?

8 In einem Neubaugebiet von 3,2 ha sollen 80 Einfamilienhäuser erstellt werden.

a) Gib die Gesamtfläche in Quadratmetern an.
   Es sind _____ m².
b) Wie groß wird jedes Grundstück?
   Jedes Grundstück ist _____ groß.
c) Wie viele Einfamilienhäuser könnten bei einer Grundstücksgröße von 500 m² erstellt werden?
   Es können _____ Häuser gebaut werden.

9 Das Haus der Familie Maier hat eine Grundfläche von 70 m². Die Einfahrt und die Garage machen 0,85 a aus. Wie groß ist das gesamte Grundstück, wenn noch der Garten mit 1,7 a und der Vorgarten mit 3500 dm² hinzukommen?

Lösungen

1. a) 9000, b) 500, c) 9500, d) 70 600, e) 670 000, f) 1700; **2.** a) 4503 km², b) 563 ha, c) 5600 a, d) 560 000 000 cm², e) 9 034 810 000 m², f) 890 072 100; **3.** a) 3 m² 4562 cm², b) 567 a 3 m², c) 452 a 9 dm², d) 675 km² 21 ha, e) 7 ha 8 500 m², f) 5 678 000 km² 0 ha; **4.** a) 57 267 mm², b) 560 003 cm², c) 560 000 mm², d) 8474 m², e) 3 450 786 450 dm², f) 90 045 dm²; **5.** a) =, b) >, c) <, d) =, e) <, f) >; **6.** 90 m²; **7.** 128 Fliesen; **8.** a) 32 000, b) 400 m², c) 64; **9.** Das Grundstück ist 360 m² groß.

Die Kommaschreibweise bei Flächenmaßen

Die Klasse 5a plant für das nächste Schulfest eine Geisterbahn. Um diese möglichst effektvoll zu gestalten, möchte sie gerne den größten Raum der Schule dafür nutzen. Während der nächsten Mathematikstunde ziehen die Schüler mit Zollstock und Papier los und messen verschiedene Räume in der Schule. Sie kommen mit den folgenden Ergebnissen zurück:
Medienraum: 21,5 m², eigener Klassenraum: 5460 dm², Mehrzweckraum: 60 m².
Welches ist der größte Raum? _____

1. Trage folgende Flächenmaße in die unten abgebildete Tabelle ein:
   a) 946 a   b) 45 ha 456 dm²   c) 87,0045 km²

2. Gib die Flächenmaße aus Aufgabe 1 in verschiedenen Maßeinheiten an.

3. Schreibe die Flächeninhalte in der jeweils nächstgrößeren Einheit.

   a) 420 m²: _____   b) 800 m²: _____   c) 4047013 mm²: _____   d) 71480 dm²: _____

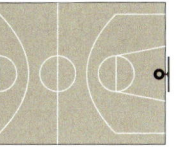 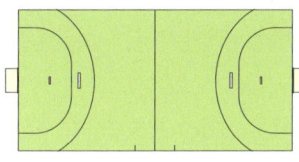 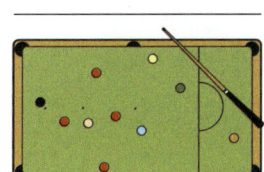 

Beim Umrechnen von Flächenmaßen kann dir die Stellenwerttafel helfen.

km²		ha		a		m²		dm²		cm²		mm²		
Z	E	Z	E	Z	E	Z	E	Z	E	Z	E	Z	E	
				6	5	4	3	2	1	7				6543217 dm² = 6,543217 ha
				8	5	0	0	0	0	6	3	5		85 a 635 cm² = 85,000635 a
						7	0							0,7 a = 70 m²

MEMO

Beim Umrechnen in die **nächstgrößere** Flächeneinheit verschiebt sich das Komma um zwei Stellen nach **links**.

Beispiel: 123 780 cm² = 1 237,80 dm² = 12,8730 m²

Beim Umrechnen in die **nächstkleinere** Flächeneinheit verschiebt sich das Komma um zwei Stellen nach **rechts**.

Beispiel: 17,4 ha = 1 740 a = 174 000 m²

Lösungen

Einführungstext: Mehrzweckraum. **2.** a) 9,46 ha b) 45,000456 ha c) 8700,45 ha **3.** a) Bas- ketballfeld b) Handballfeld c) Billardtisch: 40,4701,3 cm²; d) Sportschwimmbecken: 714,8 m²

Übungen

Die deutschen Bundesländer und ihre Flächengrößen

Petra aus Saarbrücken telefoniert mit ihrer Freundin Claudia in Schwerin. „Heute haben wir in der Schule über die Größe der Bundesländer gesprochen. Während wir in der Tabelle ziemlich weit hinten stehen, findet ihr euch im Mittelfeld wieder."

a) In welchen Bundesländern wohnen die beiden Freundinnen?
b) Wo stehen die beiden Bundesländer in der Tabelle?
c) Wo steht dein Bundesland?

Rang	Bundesland	ha	km²

Lösungen

1. a) Petra: Saarland; Claudia: Mecklenburg-Vorpommern; b) Mecklenburg-Vorpommern: 6. Rang; Saarland: 13. Rang

Übungen

Ich bin das Komma.

Hier steht die Maßzahl. Hier stehen die kleineren Maßeinheiten.

1 Setze jeweils das richtige Zeichen >, < oder = ein.

a) 85 ha ☐ 850 a
b) 720 dm² ☐ 7,2 m²
c) 89,564 cm² ☐ 89 564 mm²
d) 9,45 km² ☐ 94,5 a
e) 780 000 m² ☐ 78 km²
f) 45,342 a ☐ 453 420 dm²

2 Ergänze die fehlenden Maßeinheiten und Zahlen:

a) 123 a = 1 ___ 23 a
b) 17,45 dm² = 17 ___ 45 ___
c) 0,8 ha = 0 ha ___ a
d) 12,04 km² = 12 ___ 4 ___
e) 3 456 mm² = 34 ___ 56 mm²

3 Gib in der kleineren Einheit an.

a) 32 ha 45 m²
b) 123 m² 123 dm²
c) 3 a 2 345 m²
d) 77 dm² 999 mm²
e) 74 ha 9 a
f) 5 km² 7 000 a
g) 9 mm² 44 a
h) 940 cm² 9 dm²
i) 12 345 m² 0 cm²

4 Gib die folgenden Flächenmaße in der größeren Einheit an:

a) 0 ha 99 m²
b) 67 m² 8 967 dm²
c) 67 ha 78 m²
d) 32 cm² 1 234 mm²
e) 78 dm² 675 mm²
f) 345 m² 78 cm²
g) 5 a 944 m²
h) 0 dm² 12 345 mm²

5 Gib in der nächstgrößeren Einheit an:

a) 234,78 mm²
b) 23,78 dm²
c) 9,8 a
d) 14 456 cm²
e) 1 267,90 m²
f) 8 976,01 ha
g) 0,89 cm²
h) 4,9870 m²
i) 0,0045 dm²
j) 67 000 m²

6 Gib in der nächstkleineren Einheit an:

a) 12,0023 cm²
b) 234,01 dm²
c) 675, 10 m²
d) 0,00234 a
e) 5689 km²
f) 78,1 m²
g) 9,8 ha
h) 123,0003 a

7 Gib in der angegebenen Maßeinheit an:

a) 124,3 cm² = _____ dm²
b) 1,89 cm² = _____ mm²
c) 9,7865 a = _____ dm²
d) 0,564 a = _____ cm²
e) 23 456,3 a = _____ km²
f) 123,67 cm² = _____ m²
g) 9,45 m² = _____ a
h) 234 567 mm² = _____ ha
i) 78,3 dm² = _____ m²

8 Runde:

a) auf ha	b) auf m²	c) auf cm²
45,74 ha	67,06 m²	45,9 mm²
45,0 km²	45,90 a	1,009 m²
7 865 432 cm²	98 234,1 cm²	2,98123 a
56 ha	456 dm²	2,98 cm²
0,089 km²	0,006 km²	90 m²

9 Schreibe ohne Komma:

Beispiel:
45,7865 a = 457 865 dm²

a) 123,789 ha
b) 34,89765 a
c) 0,786 km²
d) 56,89 dm²
e) 453,0 dm²
f) 5674,01 a
g) 342,8 cm²
h) 0,000045 m²
i) 78,00001 km²
j) 0,00004 km²

Tipp: Ab 5 wird auf-, ansonsten abgerundet!

17

Übungen

10 Ordne die folgenden Flächenmaße nach der Größe:

a) 45,3 m²; 123 420 dm²; 4,5 a; 0,000045 km²
b) 3 km² ; 340 ha; 30 000 000 001 cm²; 9 345 m²
c) 17 m²; 0,000017 m²; 170 dm²; 0,0017 km²

11 Bestimme die Flächen der Zimmer eurer Wohnung und trage sie in die Stellenwerttafel ein.

km²		ha		a		m²		dm²		cm²		mm²	
Z	E	Z	E	Z	E	Z	E	Z	E	Z	E	Z	E

a) Welches ist das größte Zimmer?
b) Welches ist das kleinste Zimmer?

12 Petra möchte ihr Zimmer neu streichen. Wie viele Eimer Farbe muss sie kaufen, um 46 m² Wandfläche zu streichen?

Inhalt reicht für ca. 12 m²

13 Firma „Teppich und mehr" soll in einem achtstöckigen Hochhaus in allen Wohnungen die Teppichböden austauschen. Auf jeder Etage befinden sich zwei Wohnungen mit je 72 m² Flächeninhalt. Wie viele Quadratmeter Teppichboden muss die Firma insgesamt liefern?

14 Meister Lampe lebt in der Nähe eines Mohrrübenfeldes. Jeden Tag frisst er 0,05 m² des Feldes ab. Wie viel der Fläche kann er abfressen, wenn der Bauer das Feld nach zehn Tagen aberntet?

15 Die Straße „Am Dorfweiher" soll ausgebaut werden. Pro Quadratmeter Grundstück muss der Eigentümer 30 € bezahlen. Wie viel muss ein Eigentümer bezahlen, wenn sein Grundstück 3,78 a groß ist?

16 Ein Bauer hat ein Kornfeld von 7,4 a. Im Rahmen der Gebietsreform soll er dieses gegen ein günstiger gelegenes Feld von 740 m² tauschen. Soll er auf diesen Tausch eingehen?

17 Familie Wander will sich ein Einfamilienhaus bauen. Im Vorgebirge ersteht sie ein 4,56 a großes Grundstück. Das Haus wird auf einer Grundfläche von 94 m² gebaut. Die Einfahrt und die Garage nehmen insgesamt 35,8 m² ein. Wie viel bleibt für die Anlage des Gartens übrig, wenn auch noch eine 23 m² große Terrasse angelegt werden soll?

18 Das Haus der Familie Wallner hat eine Grundfläche von 70 m². Der Vorgarten und die Einfahrt beanspruchen zusammen mit der Garage eine Fläche von 1,4 a. Der Garten hat zusammen mit allen Beeten eine Fläche von 12 400 dm².

a) Wie groß ist das gesamte Grundstück?
b) Hinten am Haus soll ein Wintergarten mit einer Fläche von 940 dm² angebaut werden. Wie viel Gartenfläche bleibt dann noch übrig?
c) Das Garagendach hat eine Fläche von 60 m² und soll mit Kies bedeckt werden. Wie viel Kilo Kies muss Herr Wallner kaufen, wenn pro m² 1200 Gramm Kies verwendet werden?

19 Die Kinder der Familie Gärtner wollen in ihrem kleinen Garten einen Sandkasten haben. Wie groß muss der Sandkasten sein, wenn jedes der drei Kinder eine eigene Fläche von 126 dm² haben soll?

Lösungen

10. a) 0,000045 km² < 4,5 a < 45,3 m² < 123 420 dm² b) 9 345 m² < 30 000 000 001 cm² < 3 km² < 340 ha c) 0,000017 m² < 17 m² < 170 dm² < 0,0017 km². **12.** Sie muss vier Eimer Farbe kaufen. **13.** 1152 m² Teppichboden müssen verlegt werden. **14.** Er kann 0,5 m² abfressen. **15.** Der Eigentümer bezahlt 11 340 €. **16.** Er ist 7,4 a groß (d. m² gibt 11 4 m²) c) 72 Kg. **17.** Es bleiben 303,2 m² übrig. **18.** a) 334 m² b) 117 m² noch Garten werden. **19.** Er kann gleich groß, aber es liegt günstiger. **17.** Es bleiben 303,2 m² übrig. **18.** a) 334 m² b) 117 m² ... muss 3,78 m² groß sein.

5 Berechnung der Flächeninhalte

Hier siehst du den Grundriss eines Zimmers, das 5 m lang und 4 m breit ist.

1. a) Lege den Boden mit quadratischen Platten der Kantenlänge 25 cm aus.

b) Es passen _____ Platten nebeneinander und _____ Platten untereinander.

c) Insgesamt sind es _____ Platten.

2. a) Lege den Boden mit quadratischen Platten der Kantenlänge 50 cm aus.

b) _____ Platten kann ich nebeneinander und _____ übereinander legen.

c) Insgesamt passen _____ Platten dieser Größe hinein.

3. a) Lege den Boden mit quadratischen Platten der Kantenlänge 1 m aus.
b) Wie groß ist der Flächeninhalt des Zimmers?

4. Wie verändert sich jeweils die Anzahl der Platten?

MEMO

Den **Flächeninhalt eines Rechtecks** berechnest du, indem du die Länge mit der Breite multiplizierst.

Beispiele:

$A = 8\text{ cm} \cdot 5\text{ cm}$
$ = 40\text{ cm}^2$

allgemein:
$A = a \cdot b$

$A = 7\text{ dm} \cdot 7\text{ dm}$
$ = 49\text{ dm}^2$

 Das A für Fläche kommt von dem englischen Area.

A, b = 5 cm, a = 8 cm

Lösungen

1. b) 20 Platten nebeneinander und 16 untereinander. c) 320 Platten. **2.** b) 10 nebeneinander und 8 übereinander. c) 80 Platten. **3.** Der Flächeninhalt beträgt 20 m². **4.** Die Anzahl der Platten verringert sich jeweils auf ein Viertel der vorherigen Anzahl.

Übungen

Sabine will ihr Zimmer renovieren. Die Decke soll mit weißer Farbe gestrichen werden. Der Boden soll mit Teppichfliesen ausgelegt werden. Die Wände sollen mit einer Strukturtapete tapeziert werden.

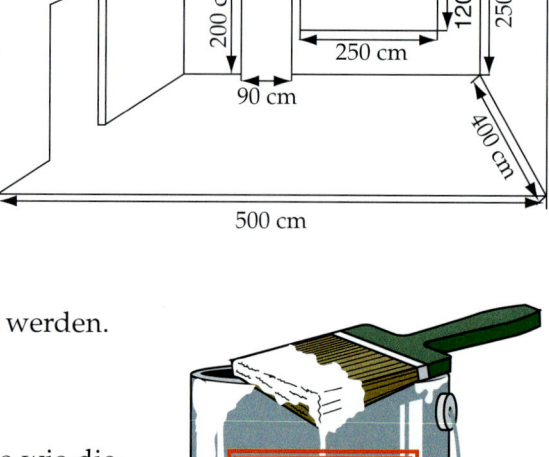

1 a) Wie viele Fliesen mit einer Kantenlänge von 50 cm muss Sabine kaufen?

b) Was kostet der neue Tepichboden, wenn für einen Quadratmeter 19,95 € bezahlt werden müssen?

c) Die Decke hat einen Flächeninhalt von _____ Quadratmetern.

d) Die Tür hat einen Flächeninhalt von _____ Quadratmetern.

e) Die Wand, an der Fenster und Balkontür liegen, soll tapeziert werden. Hierfür werden _____ Quadratmeter Tapete benötigt.

f) Wie groß sind die beiden Seitenwände des Zimmers?

g) Die Wände sollen nach dem Tapezieren in der gleichen Farbe wie die Decke gestrichen werden. Reicht ein Eimer Farbe aus dem Baumarkt?

h) Wie teuer wird die Zimmerrenovierung, wenn die folgenden Kosten anfallen: Farbe 21,50 € pro Eimer, Tapete 9,80 € pro Quadratmeter und Kleister 6,45 € pro Paket für 10 Quadratmeter?

SUPER WEISS
10 ℓ
reicht für ca.
50–60 m²

2 Berechne die Flächeninhalte der folgenden Figuren.

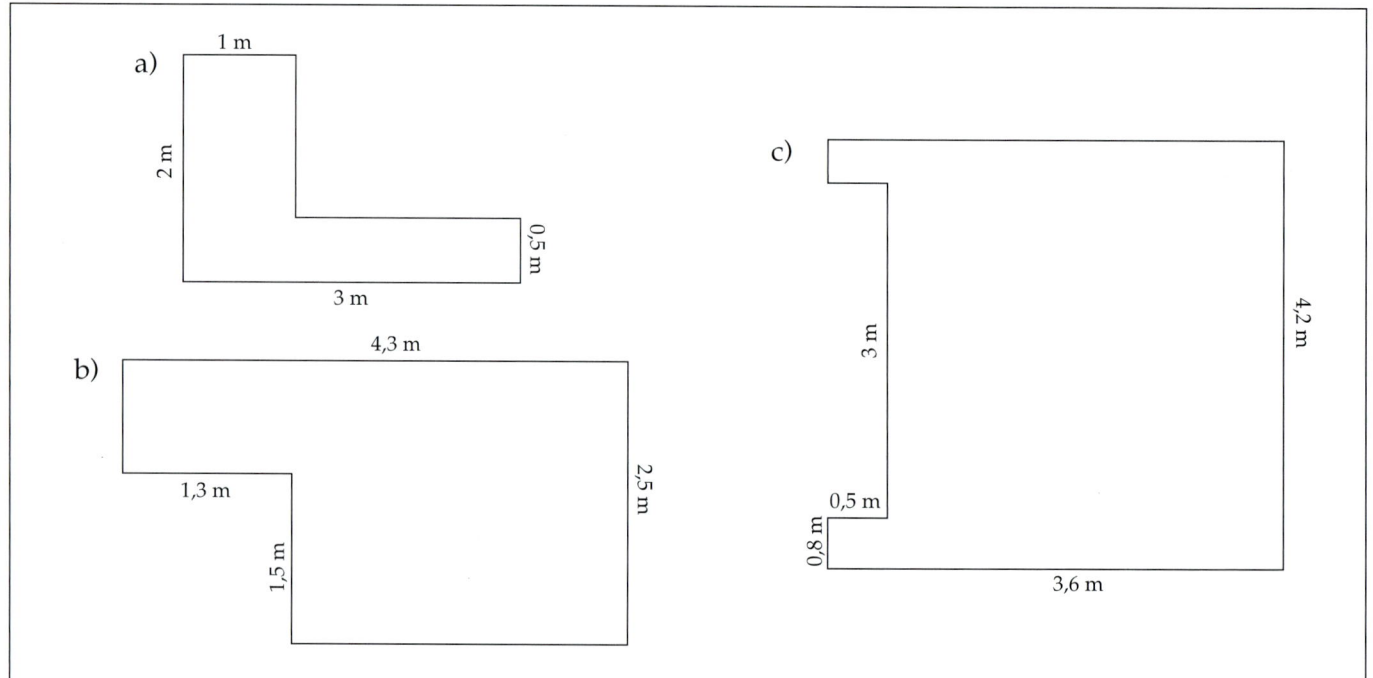

Lösungen

1. a) 80 Fliesen muss sie kaufen. b) Es müssen 399 € bezahlt werden. c) 20, d) 1,8, e) 7,7, f) je 10 m², g) ja, da ein Eimer ca. 60 m² reicht. h) Sie kostet 312,31 €. **2.** a) 3 m², b) 8,8 m², c) 13,65 m².

Übungen

1 Berechne jeweils den Flächeninhalt

a) einer Seite aus deinem Heft,
b) deines Schultisches,
c) der Wandtafel,
d) des Klassenraumbodens.

2 Berechne den Flächeninhalt der Rechtecke mit folgenden Seitenlängen:

a) 12 cm; 9 cm   b) 8 cm; 9 mm
c) 2 m; 7 m   d) 4 dm; 21 mm
e) 123 m; 12 m   f) 1,8 dm; 18 cm

3 Berechne den Flächeninhalt der Quadrate mit folgenden Seitenlängen:

a) 12 m   b) 27 cm   c) 1,7 dm
d) 156 mm   e) 7 km   f) 0,8 km

4 Wandle erst in eine gemeinsame Einheit um und berechne dann den Flächeninhalt der folgenden Rechtecke:

Länge: a) 8 cm , b) 0,5 dm, c) 23 m, d) 90 mm;
Breite: a) 13 mm, b) 34 cm , c) 0,04 km, d) 0,8 dm

5 Fülle die Tabelle aus.

	Länge	Breite	Fläche
a)	12 cm		84 cm²
b)		11 dm	121 dm²
c)	1,8 m	23 dm	
d)	120 dm		3,6 ha
e)	17 mm	8 cm	
f)		1,5 m	0,0225 a
g)	47 cm	470 mm	

6 Beim Fußballspielen trifft Peter mitten in die Wohnzimmerscheibe seiner Großeltern. Das Fenster ist 6 m lang und 2 m hoch. Der Glaser berechnet 36 € pro Quadratmeter.
Wie teuer ist die neue Scheibe?

7 Ein Fußballfeld ist 110 m lang und 80 m breit. Wie lange braucht der Platzwart zum Mähen des Platzes, wenn er pro Minute 200 m² schafft?

8 Nach dem Bau des Hauses bleibt zum Nachbarn noch ein Rest von 6 m Breite. Das zur Verfügung stehende Reststück ist 12 m lang.
Kann hier noch eine Garage mit einer Grundfläche von 21 m² gebaut werden, wenn zum Nachbargrundstück ein Abstand von 3 m eingehalten werden muss und zur Straße hin eine Einfahrt von 2,50 m Länge eingeplant wird?

9 Das Abwasser wird unter anderem auch anhand der befestigten Flächen eines Grundstücks berechnet. Wie groß ist die befestigte Fläche, wenn das Haus eine Grundfläche von 104 m² hat, die Einfahrt 6 m lang und 4,50 m breit und die Garage 3,50 m breit und 6,50 m lang ist ?

10 Familie Muster kauft eine neue Schrankwand. Welchen Flächeninhalt nimmt diese ein, wenn sie 4,50 m lang und 48 cm tief ist ?

11 Wie verändert sich der Flächeninhalt eines Rechtecks, wenn man
a) die Länge verdoppelt?
b) die Breite verdreifacht?
c) die Länge und die Breite halbiert?
d) die Länge verdoppelt und die Breite halbiert?

Lösungen

1. a) 630 cm², d) 0,72 m². **2.** a) 108 cm², b) 7,2 cm², c) 14 m², d) 84 dm², e) 1 476 m², f) 324 cm². **3.** a) 144 m², b) 729 cm², c) 2,89 dm², d) 243,36 mm², e) 49 km², f) 0,64 km². **4.** a) 10,40 mm², b) 170 mm², c) 9 200 m², d) 7 200 mm². **5.** c) 414 dm², d) 1 800 m², e) 1,36 cm², f) 22,5 dm², g) 2209 cm². **6.** 432 €. **7.** 44 Minuten. **8.** Ja. **9.** 157,25 m². **10.** 2,16 m². **11.** a) Der Flächeninhalt verdoppelt sich, b) Der Flächeninhalt verdreifacht sich, c) Der Flächeninhalt verringert sich auf ein Viertel, d) Der Flächeninhalt bleibt unverändert.

Übungen

12 Claudias Zimmer hat einen Flächeninhalt von 16 m². Gib drei mögliche Längen und Breiten an.

13 Die Böden von Räumen sind nicht immer Rechtecke. So muss der Flächeninhalt manchmal aus mehreren Rechtecken zusammengesetzt werden. Berechne die Flächeninhalte folgender Flächen:

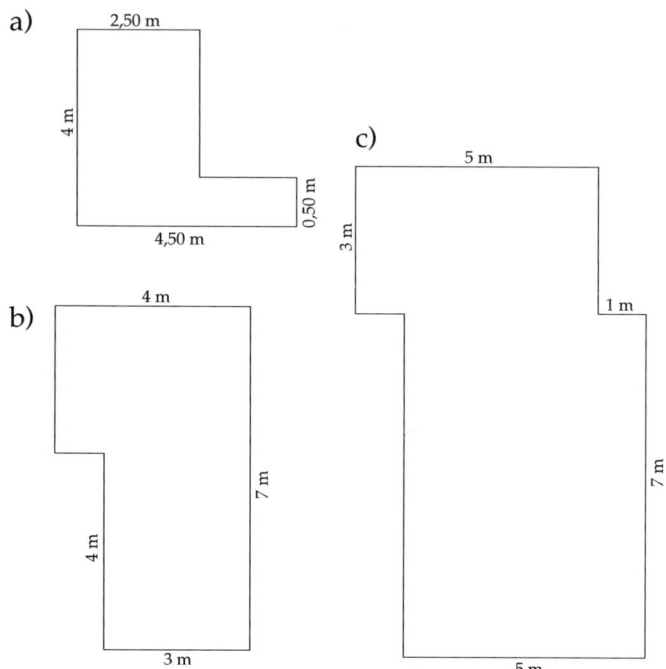

14 Familie Peters will das gesamte Erdgeschoss mit dem gleichen Teppichboden auslegen. Wie viel m² muss Herr Peters bestellen?

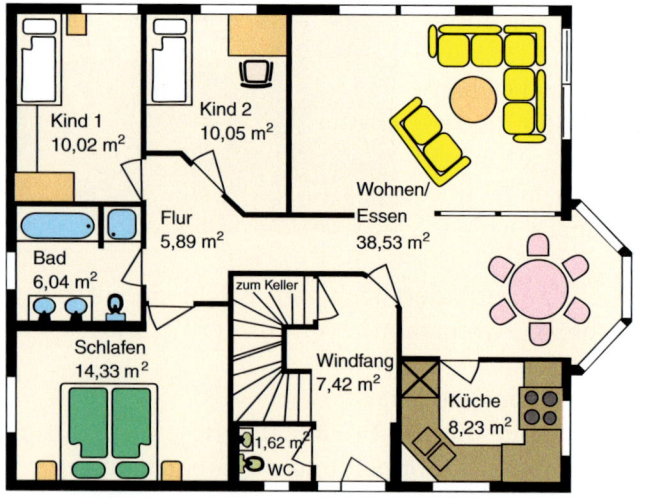

15 Ein Rechteck ist 17 cm lang und 12 cm breit. Verkürze die Länge um 1 dm und verlängere die Breite um 100 mm. Wie verändert sich der Flächeninhalt?

16 Ein Quadrat ist ein Rechteck, in dem alle vier Seiten gleich lang sind. Berechne den Flächeninhalt der Quadrate mit folgenden Seitenlängen:

a) 12 cm   b) 7 cm   c) 8,5 cm
d) 9 mm   e) 4 m   f) 32 dm

17 Eine Schafherde wird jede Woche auf eine andere Weide geführt. Alle Weiden sind 5,4 a groß.

a) Wie lang ist eine Weide, wenn der Zaun an der Querseite 27 m misst?
b) Gib weitere mögliche Längen und Breiten an.

18 Familie Müller will in ihrem Garten ein Tulpenbeet anlegen.

a) Wie groß ist der Flächeninhalt des Beetes?
b) Pro 5 dm² wird eine Tulpe gepflanzt. Wie viele müssen gepflanzt werden?

19 Die Autobahn von Bonn nach Köln ist 32 km lang und besteht aus sechs Fahrspuren und einem 2 m breiten Mittelstreifen.

a) Wie breit ist die gesamte Autobahn, wenn pro Fahrspur 5 m benötigt werden?
b) Welche Fläche wird von der Autobahn beansprucht?
c) Gib das Ergebnis in einer sinnvollen Maßeinheit an.

Lösungen

12. Länge: 2 m, Breite: 8 m; Länge: 4 m, Breite: 4 m; Länge: 5 m, Breite: 3,20 m; ... **13.** a) 11 m², b) 24 m², c) 20 m². **14.** 80,58 m² ohne Bad, WC, Küche. **15.** Flächeninhalt nach Veränderung: 204 cm²; Flächeninhalt vorher: ... **16.** a) 144 cm², b) 49 cm², c) 72,25 cm², d) 81 mm², e) 16 m², f) 1 024 dm². **17.** a) 20 m, b) ... **18.** a) 120 m², b) 2 400 Tulpen. **19.** a) 32 m, b) 1 024 000 m², c) 1,024 ha.

Die dritte Dimension – Volumen

1 Volumenmaße

Die Eltern von Petra, Mike und Sebastian wollen ein neues Auto kaufen. Da die Familie oft gemeinsam verreist, sucht sie ein Fahrzeug mit einem möglichst großen Kofferraum.

Zum Erstaunen der Kinder ist das Volumen des Kofferraums in den Prospekten in Litern angegeben. „Ob sie den mit Literflaschen ausgelegt haben?", fragt sich der kleine Sebastian.

„Bis zu 1700 Liter Transportvolumen ohne Ausbau der Sitze"

Messmethode: Jeder Kofferraum wird mit Würfeln ausgelegt, die einen Rauminhalt von 10 Litern haben.

1. Ihr „Traumfahrzeug" hat ein Transportvolumen von _____ .

2. Als die Familie den Autohändler aufsucht, um eine Probefahrt zu machen, fragt Petra den Verkäufer nach dem Messverfahren.

   Der Kofferraum im Prospekt fasst _____ 10-Liter-Würfel.

3. Wie viele 10-Liter-Würfel passen in ihr Wunschauto? _____

MEMO

Der **Rauminhalt** (das **Volumen**) eines Körpers kann durch Ausfüllen mit Einheitswürfeln gemessen werden.

Wir unterscheiden vier Einheitswürfel:

1 Kubikmeter	1 Kubikdezimeter	1 Kubikzentimeter	1 Kubikmillimeter
1 m³	= 1 Liter	= 1 Milliliter	1 mm³
	1 dm³ = 1 ℓ	1 cm³ = 1 mℓ	

 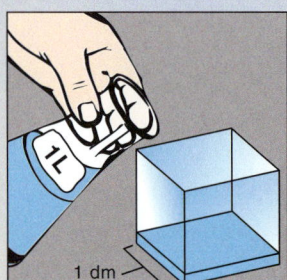 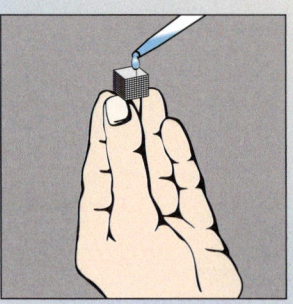 

Der Zentimeterwürfel hat die Kantenlänge 1 cm, sein Volumen beträgt 1 cm³.

ein Zentimeter hoch drei oder: ein Kubikzentimeter

Lösungen

1. 1700 Liter 2. 24; 3. 170 Würfel

Übungen

1 Welche Ware passt nicht zu den anderen?

a)  b)  c)  d)

2 Ordne das richtige Volumen zu: 100 l; 75 ml; 250 ml; 0,7 l; 40–70 l; 110 m^3

a) Sonnencreme _____   d) Benzintank eines PKW _____

b) Zahnpastatube _____   e) Flasche Mineralwasser _____

c) Schwimmbecken _____   f) Bierfass _____

3 Vergleiche die Körper.

a) Welche haben den gleichen Rauminhalt?   b) Ordne sie nach der Größe ihres Volumens.

A 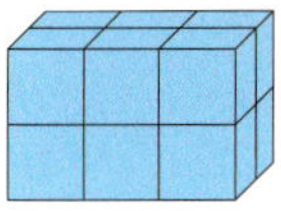   B 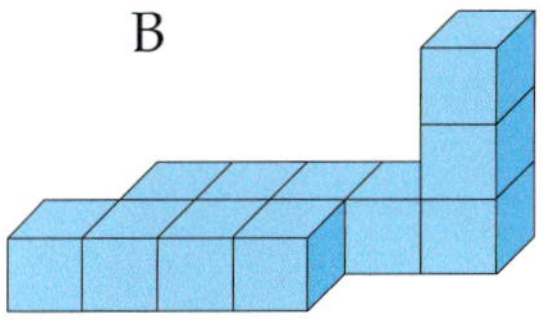   C 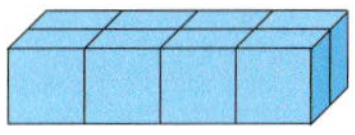   D 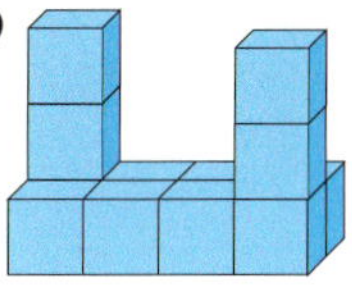   E

4 Bestimme das Volumen der Körper für Würfel mit der Kantenläge 1 m.

A 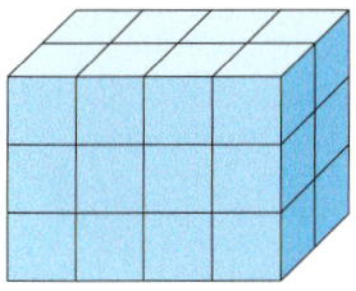   B 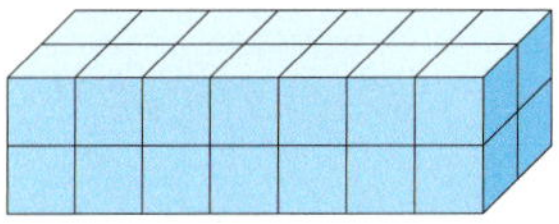   C 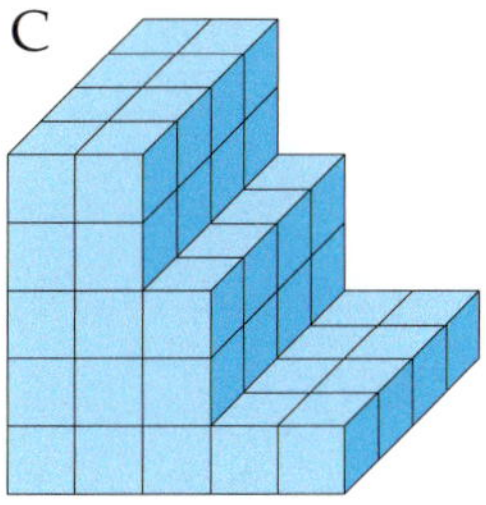   D

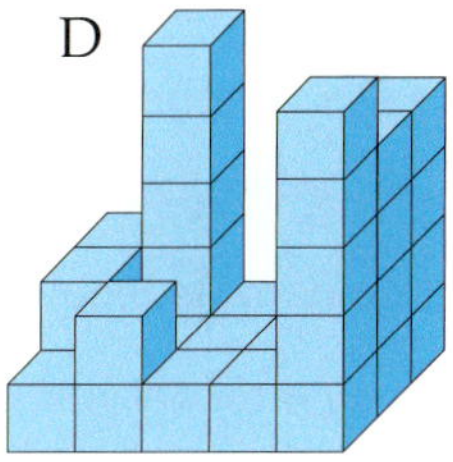

5 a) Ergänze die Körper jeweils zu einem Quader. Es fehlen bei

(1) _____ Würfel,   (2) _____ Würfel,   (3) _____ Würfel,

(4) _____ Würfel,   (5) _____ Würfel,   (6) _____ Würfel.

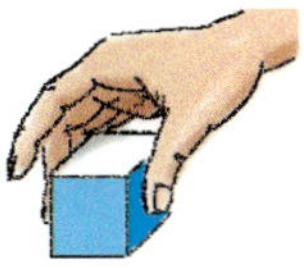

(1) 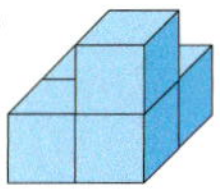   (2) 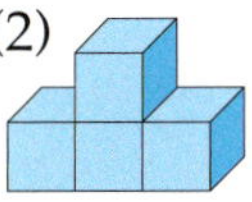   (3) 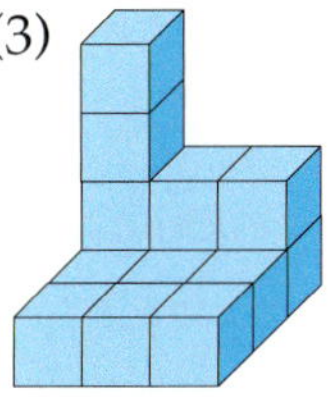   (4) 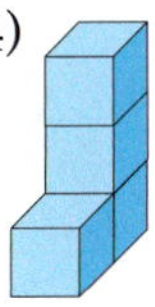   (5) 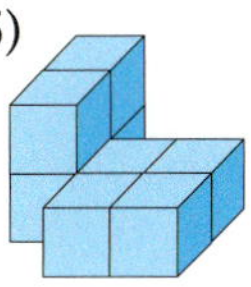   (6)

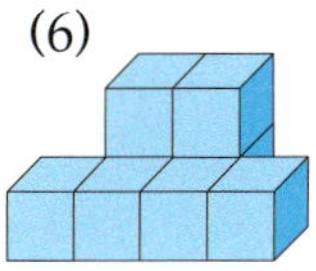

b) Ein Würfel mit der Kantenlänge von 2 cm hat ein Volumen von _____ cm³.
Bestimme das Volumen der Körper für Würfel mit einer Kantenlänge von 2 cm:

(1) _____   (2) _____   (3) _____   (4) _____   (5) _____   (6) _____

Lösungen

1. d); **2.** a) 25 ml c) 110 m^3 d) 40–70 l e) 0,7 l f) 100 l b) 75 ml ; **3.** a) A=D, b) C, E, B, A, D; **4.** (1) 64 cm³, (2) 32 cm³, (3) 112 cm³, (4) 32 cm³; **5.** a) (1) 8; (2) 10; (3) 22; (4) 2; (5) 32 cm³, D) 32 cm³.

2 Umwandlung von Volumenmaßen

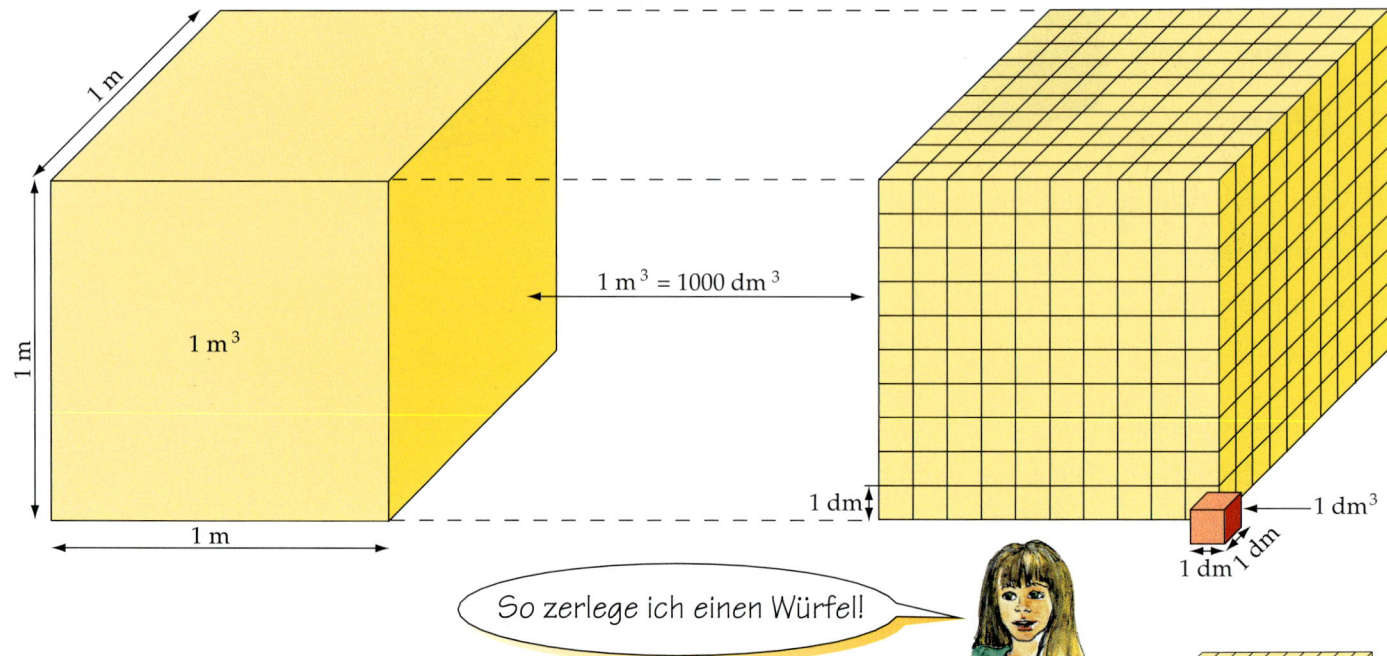

So zerlege ich einen Würfel!

1. • In einer Reihe sind _____ Dezimeterwürfel.
   • In einer Schicht liegen _____.
   • Die Anzahl der Schichten beträgt _____.
   Deshalb gibt es in einem Meterwürfel _____ Dezimeterwürfel.

2. In einem Dezimeterwürfel gibt es _____ Zentimeterwürfel.

3. In einem Zentimeterwürfel gibt es _____.

MEMO

Ein Kubikmeter besteht aus 1000 Kubikdezimetern,
ein Kubikdezimeter besteht aus 1000 Kubikzentimetern, usw.

Bei den Volumenmaßen ist die Umwandlungszahl **1000**.

Kubikmeter	Kubikdezimeter	Kubikzentimeter	Kubikmillimeter
$1 m^3$	= 1000 dm^3		
	$1 dm^3$	= 1000 cm^3	
		$1 cm^3$	= 1000 mm^3

Liter	Milliliter
$1\,l$	= 1000 ml

Beispiele: $3 m^3 = 3000 dm^3$ $\quad 4 m^3 = 4000\,l$
$\qquad\qquad\;\; 7 m^3 = 7000000 cm^3 \quad 5\,l = 5000$ ml

Lösungen

1. 10; 100 Dezimeterwürfel; 10; 1000. 2. 1000. 3. 1000 Millimeterwürfel.

Während in den Industriestaaten Autos gewaschen werden, herrscht in der Dritten Welt Mangel an Trinkwasser. Ein Bewohner des afrikanischen Kontinents verbringt im Durchschnitt jährlich 55 Stunden mit dem Wasserholen.

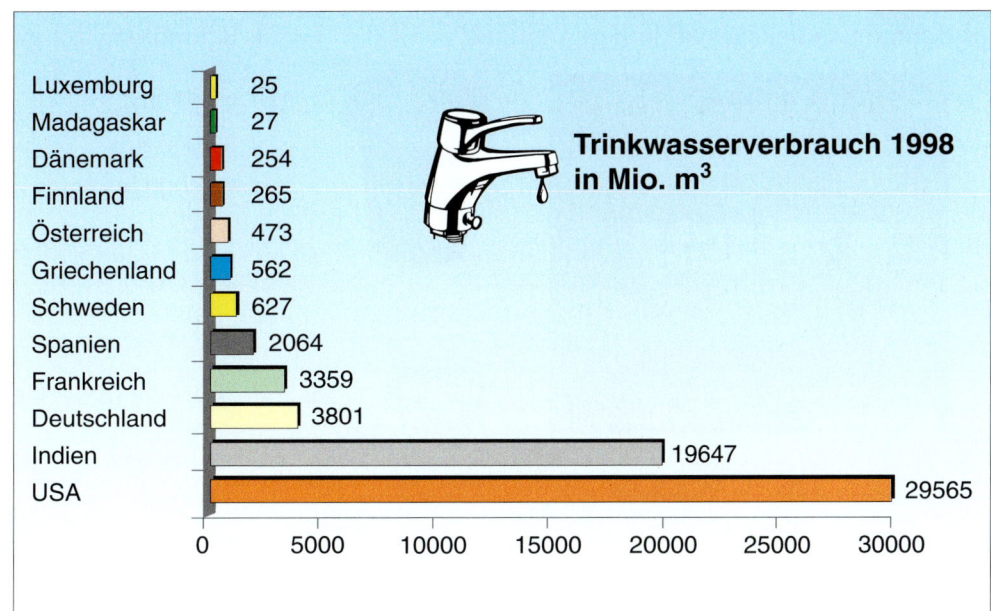

a) Überlege warum z.B. in Österreich weniger Trinkwasser verbraucht wird als in Deutschland.

b) Berechne den Pro-Kopfverbrauch in Liter pro Tag.

	Mio. m³ pro Jahr	Bevölkerung in Mio. 1998	in m³ pro Person und Jahr (*)	in ℓ pro Person und Jahr	in ℓ pro Person und Tag (*)	Rangliste	
USA		270					W
Indien		980					E
Deutschland		82					B
Frankreich	3359	59	1)57	57 000	2)156		R
Spanien		39					S
Schweden		9					A
Griechenland		11					L
Österreich		8					E
Finnland		5					I
Dänemark		5					T
Madagaskar		15					N
Luxemburg		0,4					S

(*) Gerundet auf Ganze   1) 3359/59 ≈   2) 57000/365 ≈

c) Erstelle eine Rangliste für den Pro-Kopfverbrauch.
Lösungswort:

1.	2.	3.	4.	5.
		S		

6.	7.	8.

9.		10.	11.	12.
	E			

d) Zeichne ein Balkendiagramm für den Pro-Kopfverbrauch pro Tag.

Lösungen

a) Die Einwohnerzahl ist unterschiedlich groß. b/c) 1) USA 301; 2) Schweden 192; 3) Luxemburg 173; 4) Österreich 162; 5) Frankreich 156; 6) Finnland 145; 7) Spanien 145; 8) Dänemark 140; 9) Griechenland 140; 10) Deutschland 126; 11) Indien 55; 12) Madagaskar 5. Lösungswort: Wasser ist Leben

Übungen

1 Schreibe in der nächstkleineren Einheit.

a)  500 m³

b)  240 ℓ

c) 3 ℓ

_____

2 Schreibe in der kleineren Einheit.

a) 5 dm³ = _____ cm³
b) 42 m³ = _____ dm³
c) 40 cm³ = _____ mm³
d) 3 ℓ = _____ mℓ
e) $8\frac{1}{2}$ m³ = _____ ℓ
f) $\frac{3}{4}$ ℓ = _____ cm³

3 Schreibe in der nächstgrößeren Einheit.

a)
Ladetankvolumen des Tankers: 287 447 000 Liter

b) 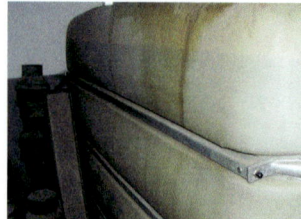 Heizöltank: 5 000 ℓ

c)  15 000 mℓ

4 Schreibe in der größeren Einheit.

a) 6 000 cm³ = _____ dm³
b) 38 000 dm³ = _____ m³
c) 780 000 mm³ = _____ cm³
d) 1 Mio. ℓ = _____ m³
e) 250 cm³ = _____ ℓ
f) 7500 ℓ = _____ m³

5 Schreibe in der gewünschten Einheit.

a) 7 dm³ = _____ cm³
b) 5 000 mℓ = _____ ℓ
c) 75 ℓ = _____ mm³
d) 17 000 dm³ = _____ m³
e) $\frac{1}{4}$ ℓ = _____ mℓ
f) 2500 mℓ = _____ ℓ

6 Schreibe in zwei Einheiten.

a) Hubraum: 1570 cm³
b) 1500 mℓ

7 Schreibe in zwei Einheiten.

a) 5867 cm³ = _____
b) 1038 dm³ = _____
c) 40 000 mℓ = _____
d) 45 518 ℓ = _____
e) $1\frac{3}{4}$ ℓ = _____
f) $5\frac{1}{2}$ m³ = _____

8 Drücke in der kleineren Einheit aus.

a) 1 m³ 236 dm³ = _____
b) 68 dm³ 450 cm³ = _____
c) 19 ℓ 30 mℓ = _____
d) 312 ℓ 75 mℓ = _____
e) 90 m³ 3 dm³ = _____
f) 205 dm³ 400 mℓ = _____

Lösungen

1 a) 500 000 ℓ b) 24 000 cm³ c) 3 000 mℓ **2** a) 5 000 b) 42 000 c) 40 000 d) 3 000 e) 8500 f) 750 **3** a) 287 447 m³, 287,447 dm³ **4** a) 6 b) 38 c) 780 d) 1 000 e) 0,25 f) 7,5 **5** a) 7 000 b) 5 c) 75 000 000 d) 17 e) 250 f) 2,5 **6** a) 1 ℓ 570 cm³, 1,57 ℓ b) 1 ℓ 500 mℓ, 1,5 ℓ **7** a) 5 dm³ 867 cm³ b) 1 m³ 38 dm³ c) 40 ℓ 0 mℓ d) 45 m³ 518 ℓ e) 1 ℓ 750 mℓ f) 5 m³ 500 dm³ **8** a) 1 236 dm³ b) 68 450 cm³ c) 19 030 mℓ d) 312 075 mℓ e) 90 003 dm³ f) 205 400 mℓ

28

Die Kommaschreibweise bei Volumenmaßen

Als die Gasrechnung für das letzte Jahr kommt, möchte Johanna gleich nachsehen, ob die vorgenommenen Sparmaßnahmen den Gasverbrauch unter den Vorjahresverbrauch von 3608 m³ gedrückt haben. Außerdem fragt sie sich, welche Bedeutung die Stellen hinter dem Komma haben.

Johanna war beim Ablesen der Gasuhr dabei.
Zählerstand neu:

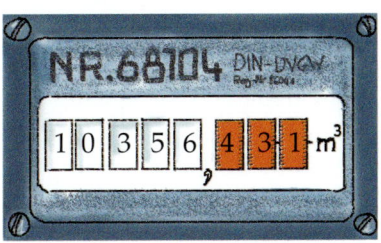

1. Johanna berechnet aus dem neuen und dem alten Zählerstand den Gasverbrauch.
   Hat die Familie ihr Sparziel erreicht?

2. Trage in die Stellenwerttafel ein und gib eine andere Schreibweise an.

   a) 1250 ℓ b) 56,75 ℓ c)

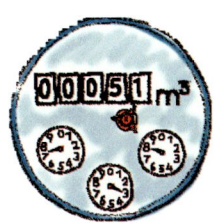

Zählerstand
neu:
alt: − 6813,846 m³
Verbrauch:

3. Trage den Gasverbrauch von Johannas Familie in die Stellenwerttafel ein und lies zwei andere Schreibweisen ab.
   Mit Hilfe der Stellenwerttafel erkennst du, was das Komma bedeutet.

	m³			dm³/ℓ			cm³/mℓ			mm³			
Volumen	H	Z	E	H	Z	E	H	Z	E	H	Z	E	**andere Schreibweisen**
2 m³ 754 dm³				2	7	5	4						= 2,754 m³ = 2754 dm³
35 dm³ 700 cm³					3	5	7	0	0				= 35,7 dm³ = 35700 cm³
785 m³ 9 dm³	7	8	5	0	0	9							= 785,009 m³ = 785009 dm³
3,58 ℓ					3	5	8	0					= 3 ℓ 580 ml = 3580 mℓ
750 mℓ							7	5	0				= 0,75 ℓ = 750000 mm³
0,27 m³				2	7								= 270 dm³ = 270000 cm³

MEMO

Bei der Umwandlung in die **nächstkleinere** Volumeneinheit wird das Komma um drei Stellen nach **rechts** verschoben.

Beispiel: 0,07453 m³ = 74,53 dm³ = 74530 cm³

Bei der Umwandlung in die **nächstgrößere** Volumeneinheit wird das Komma um drei Stellen nach **links** verschoben.

Beispiel: 560000 mℓ = 560 ℓ = 0,56 m³

Lösungen

1. 3542,585 m³; ја; 2. a) 1 m³ 250 ℓ b) 56 ℓ 750 mℓ c) 51,38 3. 3542 m³ 585 ℓ = 3542,585 ℓ = 3542585000 mℓ

29

Übungen

	Schreibe in
1. 562 ml	l
2. 5 m³ 600 dm³	dm³
3. 20 dm³	cm³
4. 56 l 20 ml	ml
5. 7,145 cm³	mm³
6. 1,75 m³	2 Einheiten
7. 0,3 m³	dm³
8. 5 l	m³
9. 6,475 m³	2 Einheiten
10. 2,015 m³	dm³
11. 56 mm³	cm³
12. 45 m³ 250 dm³	m³
13. 0,8 ml	l
14. 56 034 ml	2 Einheiten
15. 750 ml	l
16. 0,0076 l	cm³
17. 54 300 dm³	2 Einheiten
18. 54,3 l	ml
19. 17 l 65 ml	l
20. 80 ml	l
21. 4500 cm³	l
22. 45 ml	l
23. 0,35 m³	l
24. 4,5 m³	l
25. 0,4735 l	ml
26. 0,4 l	ml
27. 60 l	ml
28. 4 l 5 ml	cm³
29. 67 340 dm³	m³
30. 6100 l	2 Einheiten
31. 2 dm³ 56 cm³	dm³
32. 5 m³	l
33. 0,067 m³	dm³
34. 0,7 m³ 3 l	l
35. 3,67 dm³	cm³
36. 6 Mio. mm³	ml
37. 4,27 cm³	mm³
38. 6,456 cm³	2 Einheiten
39. 30 ml	l
40. 204,7 cm³	mm³
41. 3,7 m³	2 Einheiten
42. 15 dm³ 513 cm³	dm³
43. 356 m³ 8 l	dm³
44. 12 dm³ 410 cm³	cm³
45. 340 dm³	m³
46. 50,01 m³	2 Einheiten
47. 900 ml	l
48. 0,045 l	cm³
49. 12,5 l	2 Einheiten
50. 5 l 40 ml	cm³
51. 350 ml	l
52. 7 l 500 l	l

Trage wie im Beispiel ein! Die Ziffern in den rot umrandeten Kästchen geben die Lösung an!

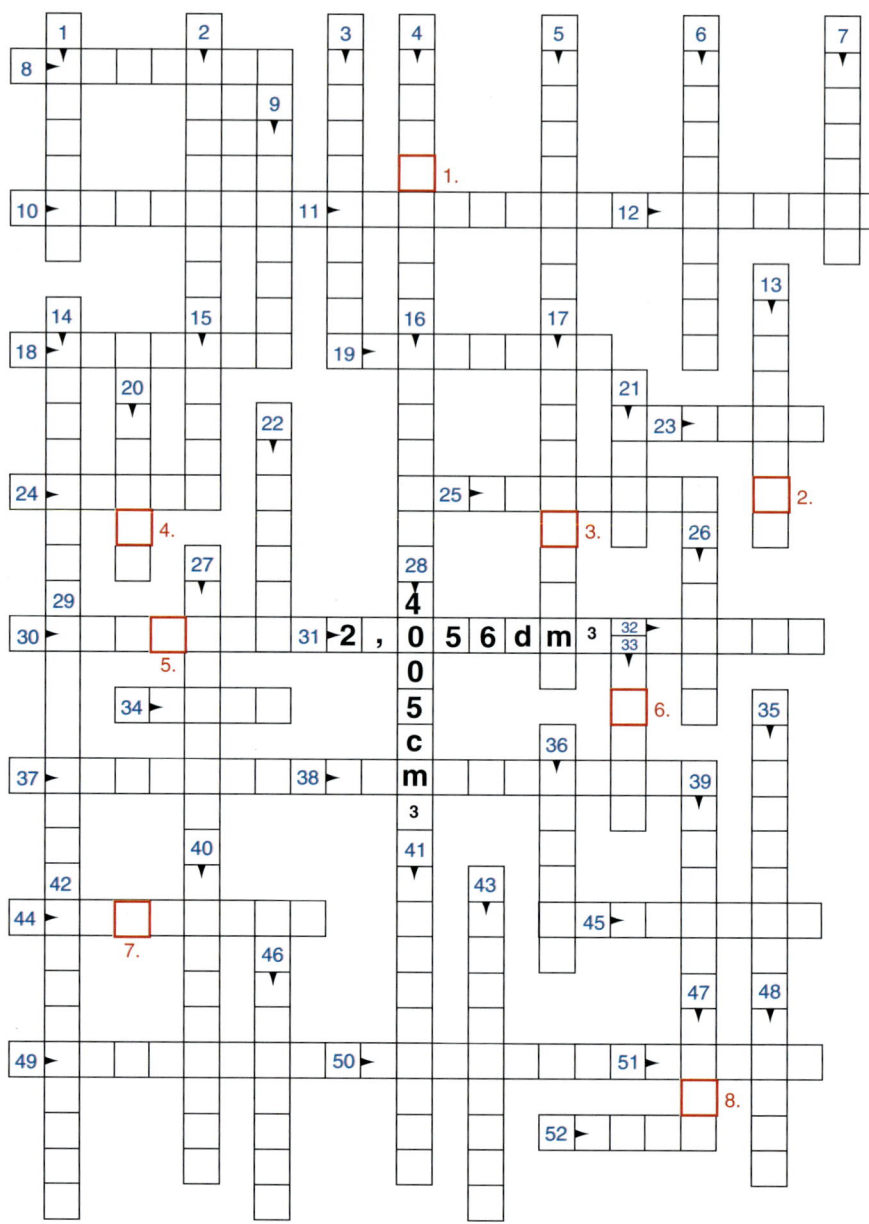

Geburtsdatum von Johann Wolfgang von Goethe:

1. 2. 3. 4. 5. 6. 7. 8.

Lösung

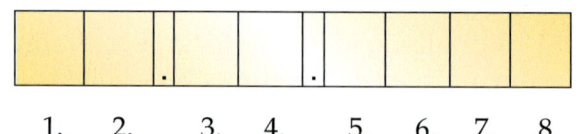

30

Übungen

1 Schreibe ohne Komma.

a) Benzinverbrauch auf 100 km: 8,3 ℓ

b) 1,5 ℓ

2 Schreibe mit Komma.

a) 1250 mℓ

b) 300 mℓ

3 Schreibe mit Komma.

a) 2 m³ 275 dm³ = _____ m³
b) 17 ℓ 840 mℓ = _____ ℓ
c) 5 ℓ 89 mℓ = _____ ℓ
d) 7500 cm³ = _____ dm³
e) 600 ℓ = _____ m³
f) 5 dm³ = _____ m³

4 Schreibe in zwei Einheiten.

a) Wasserverbrauch eines 3-Personenhaushalts:

b) Heizöltank einer Schule: 25 500 ℓ

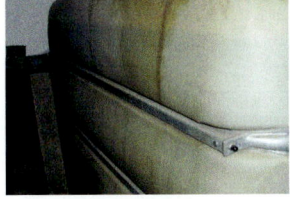

c) 1,5 Liter Volumen

d) 2½ Kubikmeter

5 Schreibe in zwei Einheiten.

> **Beispiele:** 5,1 dm³ = 5 dm³ 100 cm³
> 17 500 ℓ = 17 m³ 500 ℓ

a) 6,369 m³ = _____
b) 4,025 dm³ = _____
c) 22 500 cm³ = _____
d) 3,75 ℓ = _____
e) 79,05 ℓ = _____

6 Wie viel fehlt zum nächsten Ganzen?

> **Beispiele:**   es fehlt:
> 3 m³ 45 dm³   955 dm³
> 0,150 dm³   850 cm³

a) 5 m³ 750 dm³ = _____
b) 3,8 dm³ = _____
c) 58 mm³ = _____
d) 3 cm³ 8 mm³ = _____
e) 0,9 m³ = _____

7 Runde auf den Einer.

a) 18,25 ℓ ≈ _____
b) 0,596 m³ ≈ _____
c) 4,35 dm³ ≈ _____
d) 80,723 m³ ≈ _____
e) 3,4993 cm³ ≈ _____

8 Erstelle eine Stellenwerttafel. Trage ein und lies eine weitere Schreibweise ab.

a) 64,154 m³ = _____
b) 13 540 ℓ = _____
c) 5,7 dm³ = _____
d) 7 m³ 500 dm³ = _____
e) 3000 cm³ = _____

Lösungen

1. a) 8300 mℓ d) 1 500 mℓ **2.** a) 1,25 ℓ b) 0,3 ℓ **3.** a) 2,275 m³ b) 17,84 ℓ c) 5,089 ℓ d) 7,5 dm³ e) 0,6 m³ f) 0,005 m³ **4.** a) 121 m³ 578 dm³ b) 25 m³ 500 ℓ c) 1 ℓ 500 mℓ d) 2 m³ 500 dm³ **5.** a) 6 m³ 369 dm³ b) 4 dm³ 25 cm³ c) 22 dm³ 500 cm³ d) 3 ℓ 750 mℓ e) 79 ℓ 50 mℓ **6.** a) 250 dm³ b) 200 cm³ c) 1 mm³ d) 992 mm³ e) 100 dm³ **7.** a) 18 ℓ b) 1 m³ c) 4 dm³ d) 81 m³ e) 3 cm³ **8.** a) 64 154 dm³ (…) b) 13 m³ 540 dm³ (…) c) 5700 cm³ d) 7,5 m³ e) 3 dm³

4 Der Rauminhalt des Quaders

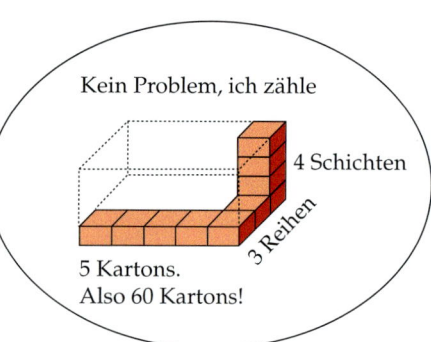

1. Hätte der Laderaum des Lastwagens auch anders aussehen können, um alle Kartons genau unterzubringen?

    Gib drei Möglichkeiten an.

    a) _____ b) _____ c) _____

2. Wie viele Würfel mit dem Rauminhalt 1 cm³ kannst du in die Quader packen?

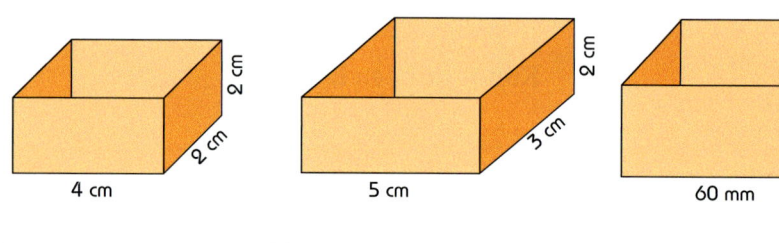

   a) _____ b) _____ c) _____

MEMO

Das **Quadervolumen** berechnen wir so:

Länge mal Breite mal Höhe

$V = a \cdot b \cdot c$

$V = 6\,cm \cdot 8\,cm \cdot 4\,cm$

$V = 48\,cm^2 \cdot 4\,cm$

(Grundfläche · Höhe)

$V = 192\,cm^3$

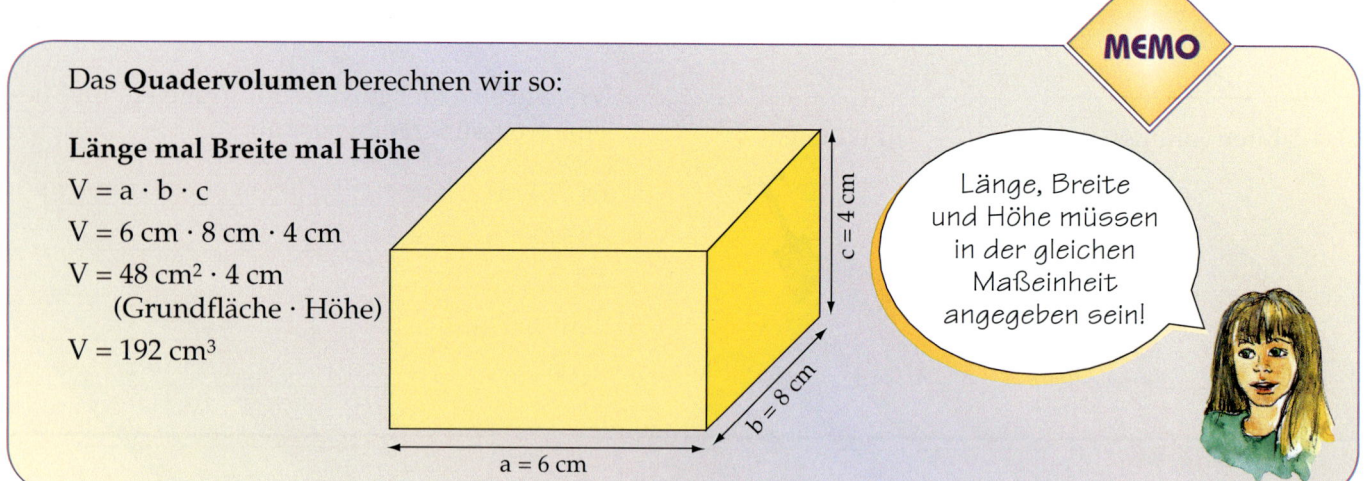

Länge, Breite und Höhe müssen in der gleichen Maßeinheit angegeben sein!

Lösungen

1. a) 2·3·10; b) 4·5·3; c) 1·2·12;   2. a) 16; b) 30; c) 36

Übungen

1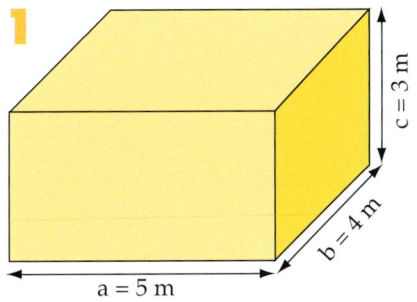

Der Quader hat ein Volumen von _____ .

Erhöhe die fehlende Seitenlänge um einen Meter und berechne das Volumen.
Was stellst du fest?

	a	b	c	V
a)	5 m		3 m	
b)	5 m	4 m		
c)	5 m			
d)		4 m		
e)		5 m		

2 „Sehr geehrter Herr Müller, für den Bau Ihres Bungalows berechnen wir einen Preis von 900 Euro pro Kubikmeter umbauter Raum."

Die gesamten Baukosten betragen _____ €.

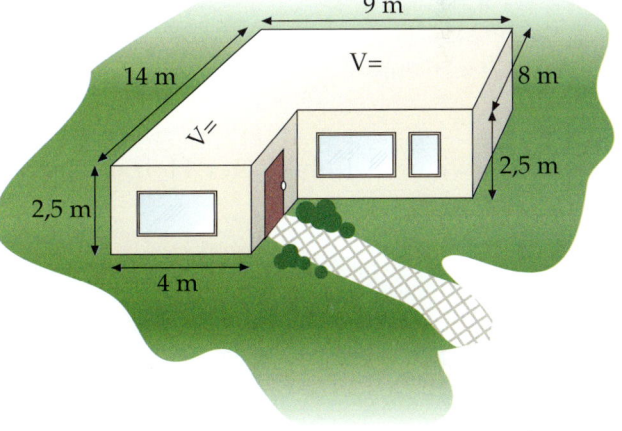

3 Im Bild siehst du die Talsperre mit dem größten Volumen. Wie heißt sie?

Talsperren	Fläche in 1 000 m²	durchschnittliche Tiefe in m	Stauraum in Mio. m³
Bigge	28 900	5,95	
Bleiloch	9 200	23,37	
Edersee	12 000	16,92	
Forggensee	1 600	103,13	
Hohenwarte	7 300	24,93	
Möhne	10 370	13,02	
Rappbode	?	?	109
Schluchsee	5 140	21,01	
Schwammenauel	7 800	26,03	
Sylvensteinsee	6 200	16,77	

Lösungen

1. 60 m³; a) 75 m³ d) 80 m³ c) 100 m³ b) 96 m³ e) 120 m³; **2.** 180 m³; 90 m³; 216 000 €; **3.** 172, 215, 203, 165, 182, 135, 108, 203, 104; Bleilochtalsperre

33

Übungen

1 Berechne das Volumen (Breite x Tiefe x Höhe).

a)
25 x 17,5 x 10 cm = _____

b)
35 x 25 x 12 cm = _____

c)
40 x 25 x 15 cm = _____

d)
50 x 30 x 20 cm = _____

2 a) Aus wie viel Kubikmeter Holz besteht der Balken?

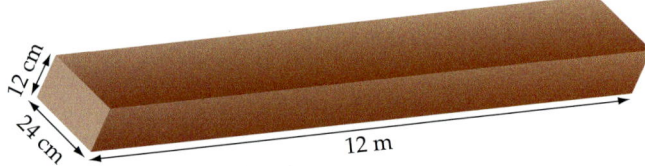

_____

b) Wie viele Kubikmeter Beton wurden für die Bodenplatte benötigt?

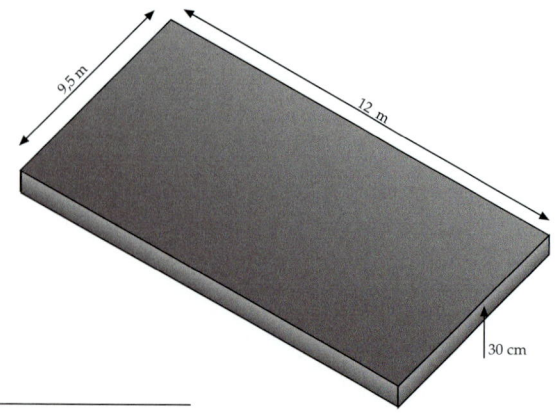

3 Berechne jeweils das Volumen.

	Länge	Breite	Höhe
a)	3 cm	5 cm	7 cm
b)	12 m	8 m	3 m
c)	50 cm	0,3 m	15 cm
d)	2 m 30 cm	1,5 m	25 cm

4

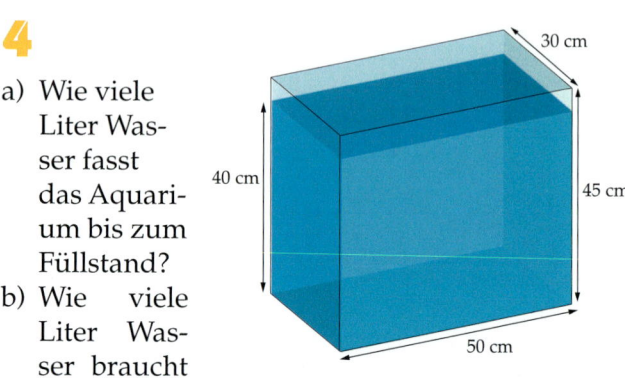

a) Wie viele Liter Wasser fasst das Aquarium bis zum Füllstand?
b) Wie viele Liter Wasser braucht Carina, wenn sie den Füllstand um 4 cm erhöht?

5 Die Baugrube für ein Hochhaus ist 50 m lang, 40 m breit und 12 m tief.

a) Wie viele Kubikmeter Erde wurden ausgebaggert?
b) Die Tiefbaufirma hat zwölf Lastwagen mit einem Ladevolumen von 5 m³ zum Abtransport des Aushubs eingesetzt. Wie oft musste jeder Lastwagen fahren?

6 Berechne jeweils das Volumen.

	Grundfläche	Höhe	Volumen
a)	12 m²	2 m	
b)	15 m²	2,4 m	
c)	180 cm²	0,4 m	
d)	35 cm²	3 mm	

7 Der Baikalsee in Russland ist das größte Süßwasserreservoir der Welt. Er hat eine Fläche von 31 500 km² und eine mittlere Tiefe von 800 m. Wie viele Kubikmeter Wasser enthält er?

Lösungen

1. a) 4375 cm³; b) 10500 cm³; c) 15000 cm³; d) 30000 cm³; **2.** a) 0,3456 m³; d) 34,2 m³; **3.** a) 105 cm³; b) 288 m³; c) 22,5 l; d) 50 l; **4.** a) 90 l; b) 9 l; **5.** a) 24000 m³; b) 400 Fahrten; **6.** a) 24 m³; b) 36 m³; c) 7,2 l; d) 10,5 cm³; **7.** 25 200 Milliarden m³

5 Andere Hohlmaße

Eine amerikanische Gallone entspricht ungefähr 3,8 Liter.

Ein US-Dollar kostete im Juli 2010 ca. 0,72 Euro.

Familie Müller ist während der Sommerferien 2010 mit einem Wohnmobil an der Westküste der USA unterwegs. Die beiden Kinder, der zwölfjährige Peter und die dreizehnjährige Sabine, rechnen dauern in bekannte Einheiten um, da sie sich sonst Mengen und Preise nicht richtig vorstellen können. Beim Tanken wird die Menge Benzin in der Maßeinheit **Gallonen** angezeigt; bezahlen muss Frau Müller in US-Dollar.

Peter hat sich auf einem Notizzettel die getankten Mengen notiert.

Datum	Menge
25. 7.	18,5 gal
27. 7.	17,0 gal
29. 7.	16,2 gal
30. 7.	21,5 gal
1. 8.	12,3 gal
3. 8.	19,8 gal

1. Berechne das Volumen in Liter

 a) am 27 Juli: _____

 b) am 29. Juli: _____

2. Berechne den Preis in Euro

 a) am 29. Juli: _____

 b) am 3. August: _____

3. Berechne die Höhe des gesamten Benzinverbrauchs in Liter und die Kosten in Euro. (Ermittle auch die Kosten mit dem aktuellen Kurs.)

MEMO

Hohlmaße

Im internationalen Erdölhandel wird die Einheit Barrel (engl. für Fass oder Tonne) benutzt. **1 Barrel ≈ 159 Liter**

Auf Arzneimittelpackungen und Gläsern findest du die Einheit Zentiliter (Centiliter, cl). **100 cl = 1 l**

Auf Bierfässern steht traditionell die Einheit Hektoliter (hl). **1 hl = 100 l**

Die Winzer benutzen die Bezeichnung Stück. **1 Stück = 1200 Liter**

Beispiele: 3 hl = 300 l   400 cl = 4 l
 2 Stück = 2400 l   750 cl = $7\frac{1}{2}$ l

Lösungen

1. a) 64,6 Liter, b) 61,56 Liter. 2. a) 36,62 Euro, b) 44,76 Euro. 3. 400,14 Liter, 151,13 Euro

Übungen

1 Im Königreich England hat eine Gallone (gal) ein Volumen von 4,546 Litern. Berechne in Liter.

a) 3 gal = _____

b) 7 gal = _____

c) 17,5 gal = _____

d) $\frac{3}{4}$ gal = _____

e) 12,75 gal = _____

f) $23\frac{1}{2}$ gal = _____

2 Deutschland hat im Jahr 2008 ca. 767 Millionen Barrel Erdöl auf dem Weltmarkt eingekauft.

a) Das sind _____ Millionen Liter.

b) Für diese Menge hätte der Tanker _____ -mal fahren müssen.

Ladetankvolumen: 287 447 m³

3 Schreibe in Liter.

_____   _____

4 Schreibe in der gewünschten Einheit.

a) 700 ℓ = _____ hl

b) 600 cℓ = _____ ℓ

c) 3 600 ℓ = _____ Stück

d) 4 hl = _____ ℓ

e) $\frac{1}{2}$ Stück = _____ ℓ

f) 250 cℓ = _____ ℓ

5 Ein Biergarten wird täglich mit 36 Fässern zu je einem Hektoliter (hl) Bier beliefert.

a) Täglich werden _____ Liter geliefert.

b) Im Mai sind es _____ Liter.

c) Pro Jahr sind es _____ Liter.

6 Im Keller eines Winzers liegen 20 Stückfässer, fünf 2-Stückfässer, ein 3-Stückfass, drei $\frac{1}{2}$ Stückfässer und 7 Tanks, die jeweils 5 000 Liter fassen.

Der Winzer kann _____ Liter Wein einlagern.

7 Weinerzeugung in Deutschland 2006 in 1 000 Hektoliter:

a) Weißwein: 5 382 = _____ Mio. ℓ

b) Rotwein: 3 678 = _____ Mio. ℓ

8 Weinbaudaten aus der Pfalz 2009:

a) Hektarertrag 10 240 ℓ = _____ hl

b) Erntemenge (in 1 000 ℓ) 235 312 = _____ hl

9

Export nach:		in Mio. ℓ	in 1 000 hl
a)	Großbritannien	91,1	=
b)	Niederlande	20,7	=
c)	Japan	14,2	=
d)	gesamt	217,9	=

10 Petra mixt für ihre Geburtstagsparty ein Fruchtsaftgetränk.

Wie viele Milliliter Konzentrat benötigt sie für vier Flaschen Mineralwasser zu 0,7 Liter?

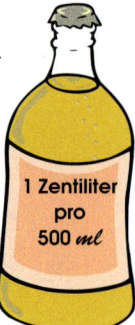

1 Zentiliter pro 500 mℓ

Lösungen

1. a) $13,638 \ \ell$ b) $31,822 \ \ell$ c) $79,555 \ \ell$ d) $3,4095 \ \ell$ e) $57,9615 \ \ell$ f) $106,831 \ \ell$; **2.** a) $121 \ 953$ b) 424-mal; **3.** $\frac{1}{2} \ \ell$, $500 \ \ell$; **4.** a) $7 \ hl$ b) $6 \ \ell$ c) $3 \ 000$ d) $400 \ \ell$ e) $600 \ \ell$ f) $2,5 \ \ell$; **5.** $3 \ 600 \ \ell$ b) $111 \ 600 \ \ell$ c) $1 \ 314 \ 000 \ \ell$; **6.** $238 \ 500 \ \ell$; **7.** a) $538,2$ b) $367,8$; **8.** a) $102,4$ b) $2 \ 353 \ 120$; **9.** a) 911 b) 207 c) 142 d) $2 \ 179$; **10.** $56 \ m\ell$

Körper, Netze und Flächen

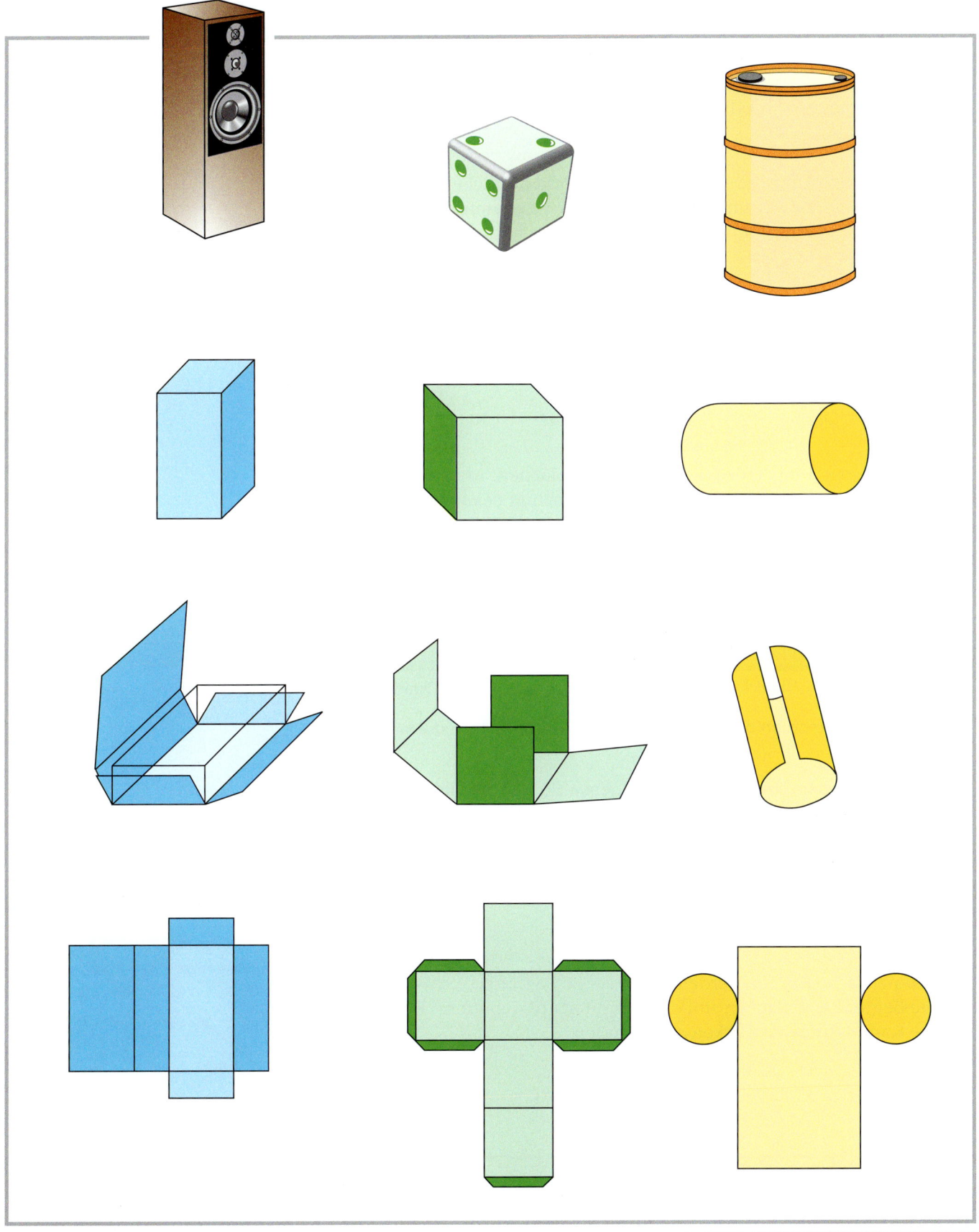

Geometrische Körper

Die Klasse 5c hat alle möglichen Verpackungen, Kartons und Schachteln zusammengetragen. Die Jungen und Mädchen wollen sie mit buntem Papier bekleben. Sie dienen aber auch als Anschauungsmaterial für die Schachteln, die die Schüler selbst herstellen wollen.

In unserer Umgebung haben viele Gegenstände ähnliche Gestalt. Die auftretenden Grundformen nennen wir **geometrische Körper**. Hier sind einige aufgeführt:

Abb. 1

Abb. 2

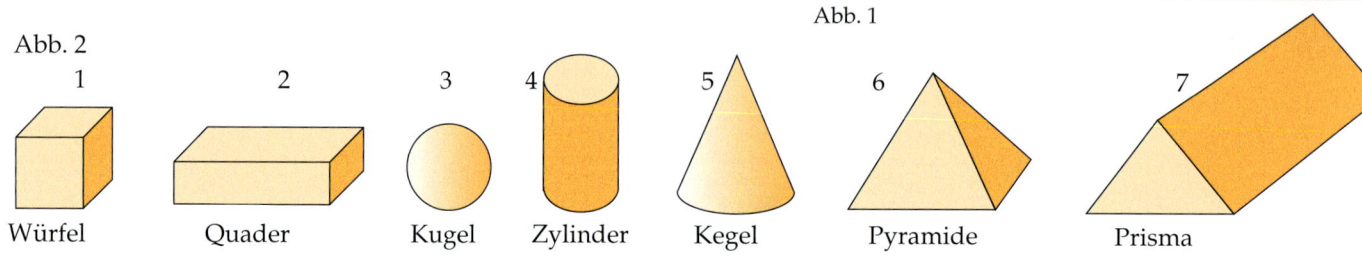

1 Würfel   2 Quader   3 Kugel   4 Zylinder   5 Kegel   6 Pyramide   7 Prisma

Die Begrenzungen der meisten Körper sind Flächen. Man bezeichnet die Flächen auch als ebene Figuren. Viele sind dir schon bekannt:

Abb. 3

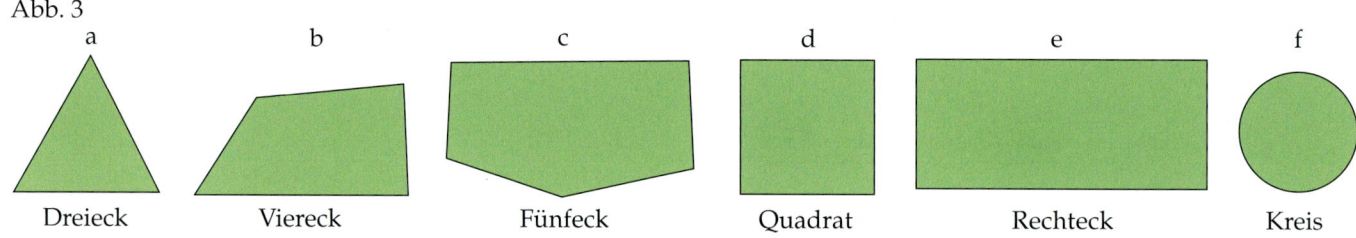

a Dreieck   b Viereck   c Fünfeck   d Quadrat   e Rechteck   f Kreis

1. Welche geometrischen Körper werden nur von Rechtecken und von Quadraten begrenzt?
2. In welchen Körpern liegen gegenüberliegende Flächen parallel zueinander und sind gleich groß?
3. Bei welchen Körpern kommen Flächen vor, die senkrecht zueinander stehen?
4. Welche der in Abb. 3 dargestellten Flächen kommen in den Körpern der Abb. 2 vor?

MEMO

Geometrische Körper werden von Flächen begrenzt.
Die Begrenzungsflächen stoßen an Kanten aufeinander.
Die Kanten treffen an Ecken aufeinander.

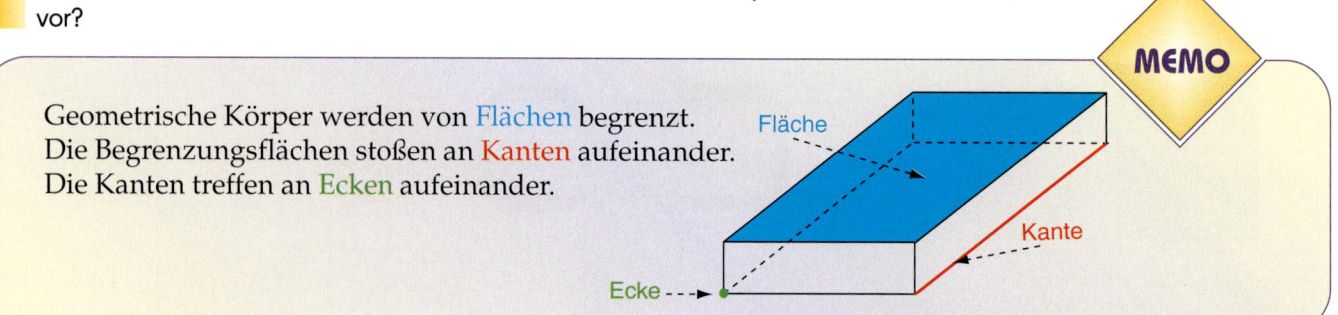

Lösungen

1. Rechtecke: Quader, Quadrate: Würfel. 2. Würfel, Quader, Zylinder, Prisma. 3. Würfel, Quader, Prisma. 4. Dreieck in 7 und 6, Quadrat in 1 und 6, Rechteck in 2 und 7, Kreis in 4 und 3

Übungen

Ergänze die fehlenden Begriffe. Bei richtiger Lösung des Rätsels ergeben die gelben Felder von oben nach unten gelesen ein zum Thema passendes Lösungswort (ü = ue).

1. Name des Körpers A
2. Name des Körpers B
3. Name des Körpers C
4. Name des Körpers D
5. Seitenflächen eines Würfels
6. Die Kreisflächen eines Zylinders sind ……… groß
7. Name des Körpers E
8. Seitenflächen eines Tetraeders (Bild F)
9. Körper mit gekrümmter Oberfläche
10. Standfläche des Kegels
11. Das Netz dieses Körpers besteht aus zwei Kreisen und einem Rechteck.
12. Dieses Kapitel der Mathematik gehört zur …
13. Durch Aufschneiden von Kanten erhält man das … des Körpers.
14. Körper mit quadratischer Standfläche und vier dreieckigen Seitenflächen
15. Körper mit einer Kreisfläche
16. Jede Seitenfläche eines Quaders heißt …
17. Körper mit quadratischen Seitenflächen
18. Name des Körpers G
19. Name des Körpers H
20. Ein Tafelschwamm entspricht meistens dieser Körperform.
21. Name des Körpers, der auf einer Halde im Ruhrgebiet steht (Bild I)
22. Eine Glasmurmel entspricht dem geometrischen Körper …
23. Der Gasometer in Oberhausen gleicht geometrisch betrachtet einem … (Bild J)

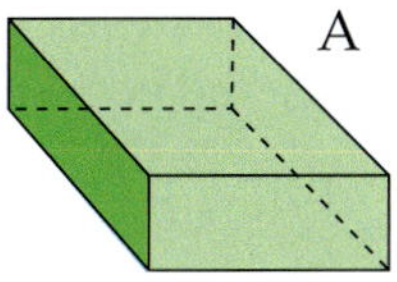

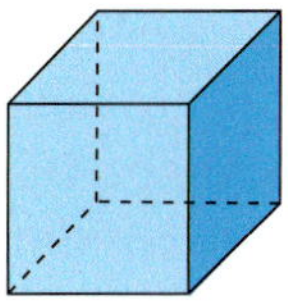

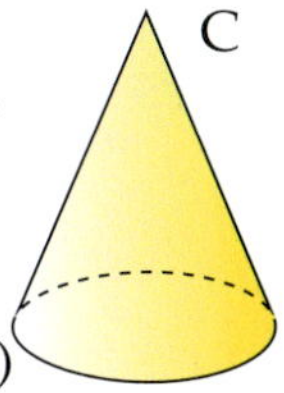

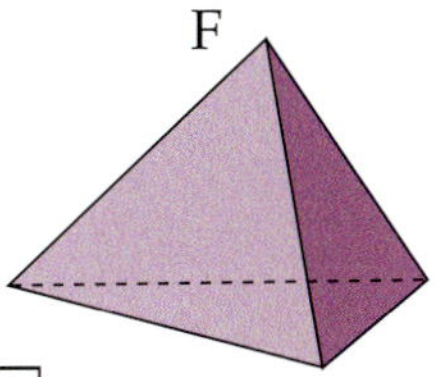

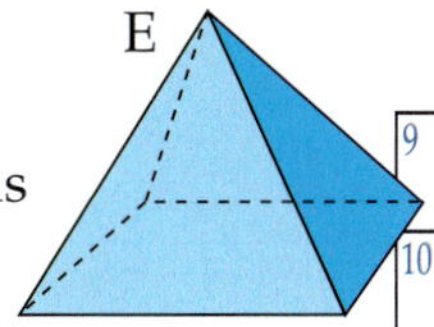

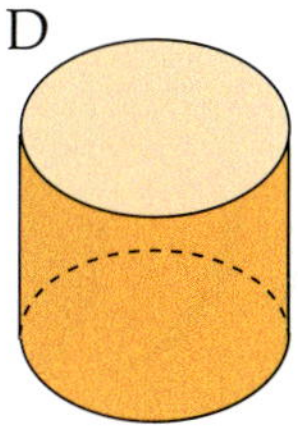

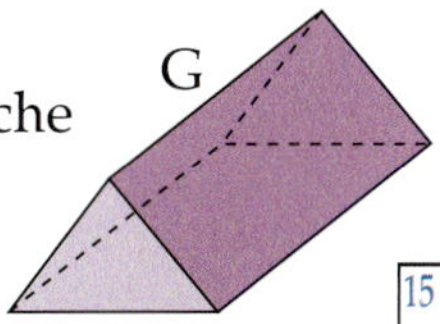

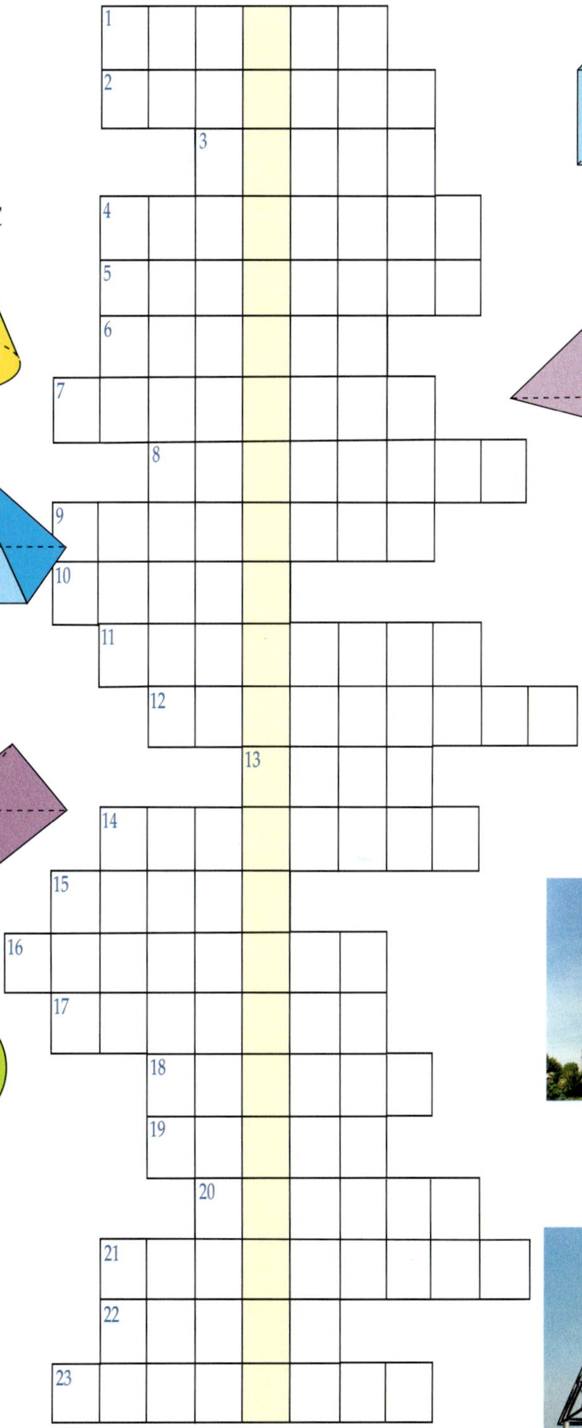

Lösungen

Lösungswort: **Dreidimensionale Figuren** ergibt sich durch: QUADER, WUERFEL, KEGEL, ZYLINDER, QUADRATE, GLEICH, PYRAMIDE, DREIECKE, ZYLINDER, KREIS, ZYLINDER, GEOMETRIE, NETZ, PYRAMIDE, KEGEL, RECHTECK, WUERFEL, PRISMA, KUGEL, QUADER, TETRAEDER, KUGEL, ZYLINDER

Übungen

1 Häufig haben Gegenstände nur annähernd die Form eines geometrischen Körpers. So hat ein Ziegelstein (ungefähr) die Form eines Quaders.
Welche Form hat ungefähr

a) ein Buch? b) eine Münze?
c) ein Sektkelch? d) ein Kreidestück?
e) eine CD-Hülle? f) ein Trinkbecher?
g) ein Blatt Papier? h) ein Korken?
i) ein Trinkpäckchen? j) ein Fußball?

2 Welche geometrischen Körper findest du in den folgenden Gegenständen wieder?

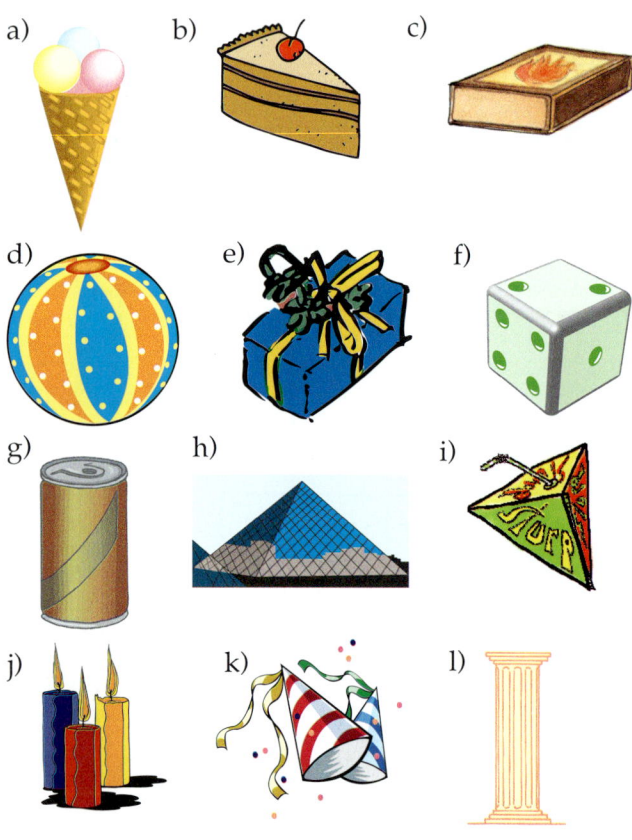

3 Welche geometrischen Formen haben die Postgüter auf dem Foto?

4 Peter leuchtet in seinem Zimmer mit einer Taschenlampe auf verschiedene Gegenstände und stellt fest, dass ihre Schatten sich oft ähneln. Er probiert dies mit verschiedenen geometrischen Körpern aus.
Welche Körper werfen, wenn sie aus der angegebenen Richtung angeleuchtet werden, ähnliche Schatten?

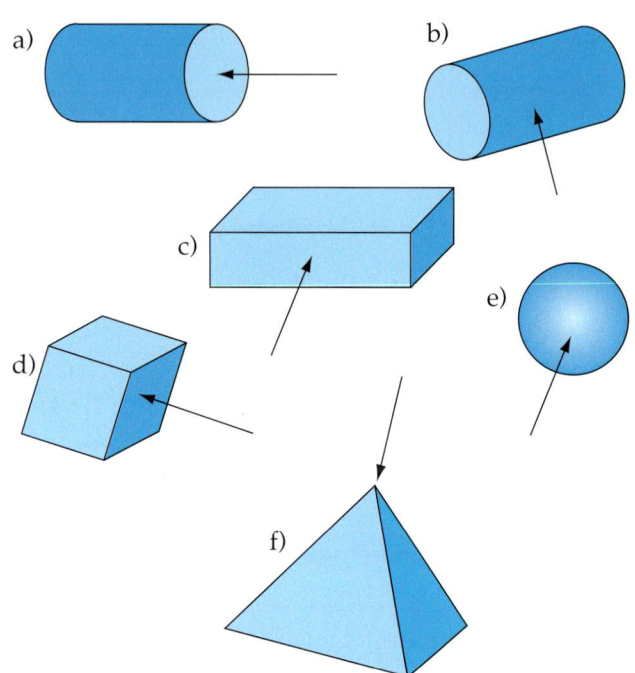

5 Kristina hat aus Knete zwei Figuren gebaut. Welche geometrischen Körper findest du hier wieder?

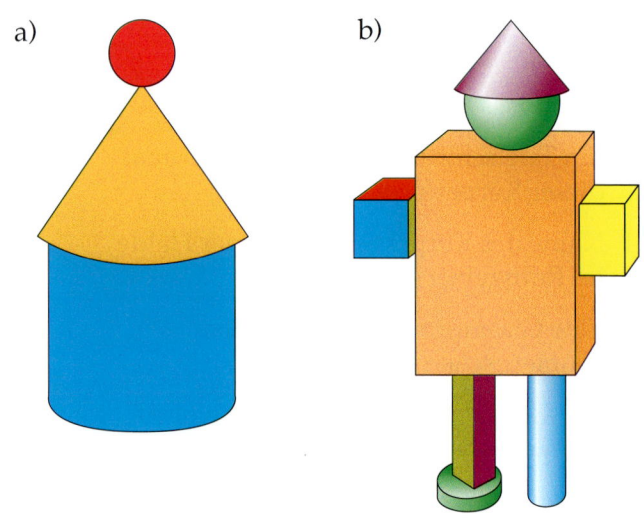

Lösungen

1. a) Quader b) Zylinder c) Kegel, d) Zylinder, e) Quader, f) Zylinder, g) Quader, h) Zylinder, i) Quader, j) Kugel. **2.** a) Kegel b) Prisma c) Quader, d) Kugel e) Quader f) Würfel g) Zylinder h) Pyramide i) Tetraeder/Pyramide, j) Zylinder k) Kegel l) Zylinder. **3.** Man findet Quader, Zylinder, ein Prisma. **4.** a und c; b und e; d und f. **5.** a) von oben: Kugel, Kegel, Zylinder. b) von oben: Kegel, Kugel, Quader, Würfel, Quader, Prisma, Zylinder, Zylinder.

Übungen

6 Nenne Körper, die durch

a) rechteckige Flächen begrenzt sind.
b) quadratische Flächen begrenzt sind.
c) kreisförmige Flächen begrenzt sind.
d) dreieckige Flächen begrenzt sind.

7 Welche Körper haben

a) gewölbte Flächen?
b) parallele Flächen?
c) gebogene Kanten?
d) keine Ecken?
e) keine Kanten?

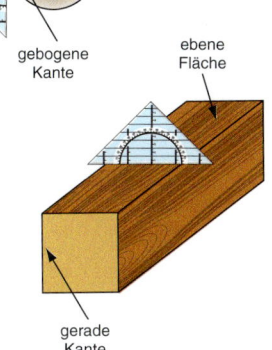

8 Welche Körper haben

a) nur ebene Flächen?
b) nur gerade Kanten?
c) eine Ecke?
d) eine Kante?
e) parallele Kanten?
f) senkrechte Kanten?

9 Wenn man einen Körper durch einen oder mehrere gerade Schnitte zerlegt, entstehen neue Körper. Durch einen Schnitt wurden verschiedene Körper halbiert. Dabei entstanden folgende neue Körper. Welche Körper wurden zerschnitten?

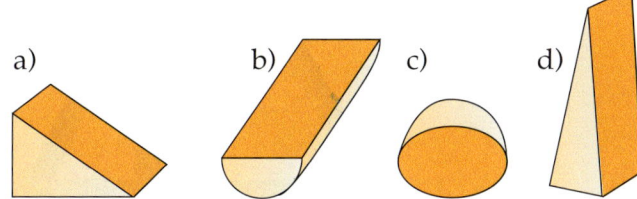

10 Wenn man einen Würfel durch zwei Schnitte zerlegt, die man nacheinander wie abgebildet führt, entstehen vier neue Körper. Beschreibe sie.

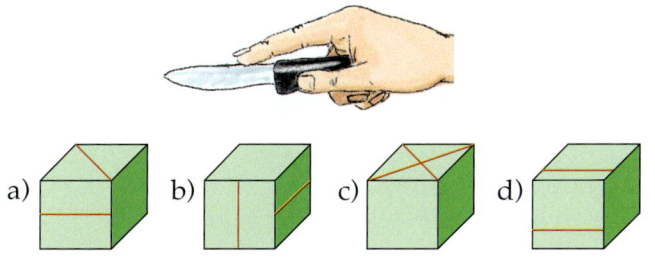

11 Untersuche die folgende Beziehung an den abgebildeten Figuren: $e + f = k + 2$

Anzahl der Ecken *Anzahl der Flächen* *Anzahl der Kanten*

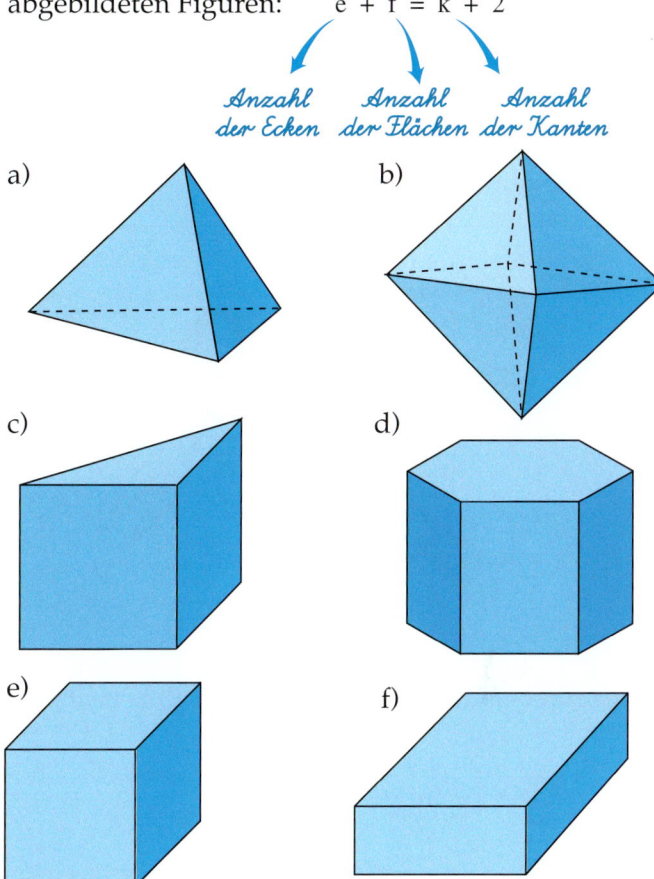

Diesen Satz hat Leonhard Euler (1707–1783) aufgestellt.

Figur	Anzahl Ecken	Anzahl Flächen	Anzahl Kanten
a)			
b)			
c)			
d)			
e)			
f)			

Lösungen

6. a) Quader; b) Würfel; c) Zylinder; d) Tetraeder/Pyramide; ... **7.** a) Zylinder, Kegel; b) Quader, Zylinder; c) Kegel, Zylinder, Kugel; d) Zylinder, Kugel; e) Kugel **8.** a) Quader, Würfel, Pyramide; b) Quader, Würfel, Pyramide; c) Kegel; d) Kegel; e) Quader, Würfel, Zylinder; f) Quader, Würfel. **9.** a) Würfel, Pyramide; b) Quader, Zylinder; c) Kugel; d) Pyramide. **10.** a) vier gleiche Pyramiden; b) vier gleiche Quader; c) vier gleiche Pyramiden; d) vier unterschiedliche Quader. **11.** a) 4 + 4 = 6 + 2; b) 6 + 8 = 12 + 2; c) 6 + 5 = 9 + 2; d) 12 + 8 = 18 + 2; e) 8 + 6 = 12 + 2; f) 8 + 6 = 12 + 2

Mathe aktiv: Körper herstellen – hohl und voll

Kantenmodelle verschiedener Körper

könnt ihr mit Hilfe weniger Materialien selbst herstellen.

Was ihr dazu braucht:
Geeignet sind Strohhalme und Garne, Zahnstocher oder Schaschlikspieße aus Holz und Eckverbindungen aus Knetgummi oder an der Luft trocknender Knetmasse oder Draht.

Wer einen Baukasten hat, sollte auch dort nach möglichen Werkstoffen Ausschau halten.

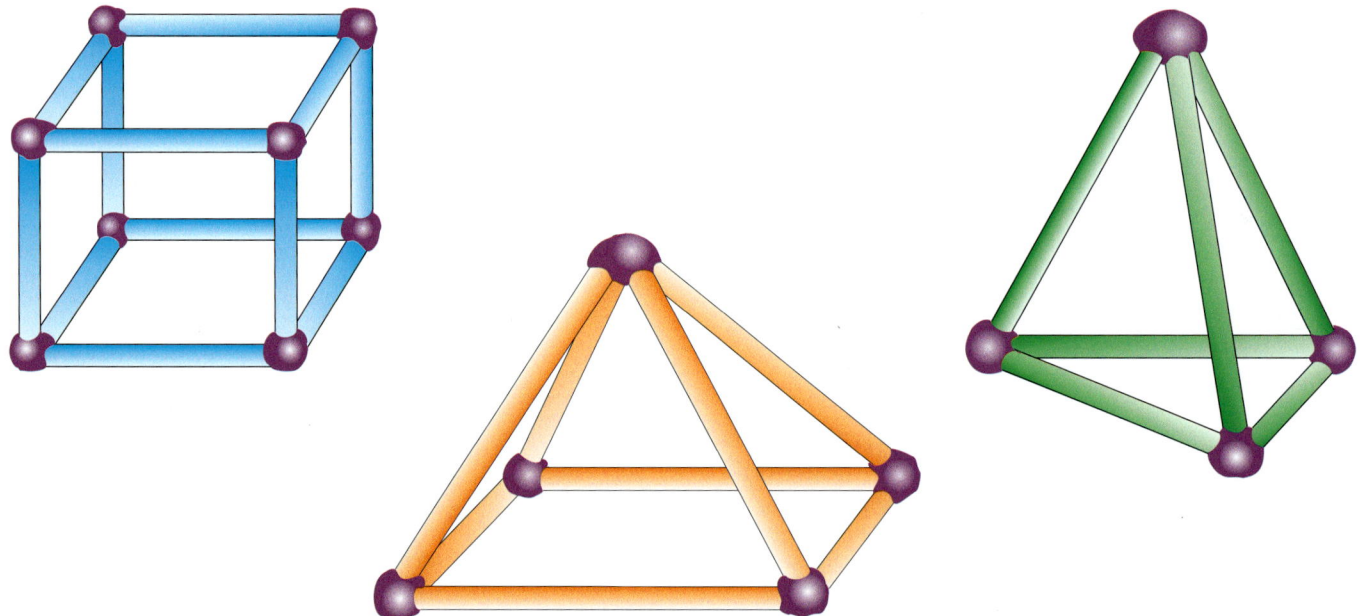

Tipps:
- Auf einem Tisch könnt ihr damit eine kleine Ausstellung aufbauen.
- Ordnet nach verschiedenen Körperformen, sorgt für passende Beschriftung.
- Ein Steckbrief zu jeder Körperform mit den wichtigen Eigenschaften vervollständigt euer Werk.

Vollmodelle

sind innen massiv und nicht hohl.

Was ihr dazu braucht:
Knetmaterial oder Styropor eignen sich dafür. Mit Hilfe von Erwachsenen könnt ihr auch Holzkörper herstellen, z. B. aus Teilstücken einer Latte oder eines Besenstiels.

2 Quader und Würfel

Die meisten Verpackungen, die die Schüler der 5c gesammelt haben, sind quader- oder würfelförmig. Eva und Oliver wollen die Seitenflächen mit buntem Papier bekleben. Dann sollen die Kanten mit Klebefolie verstärkt werden.

Oliver hat sich folgende Methode ausgedacht: Er stellt eine Schachtel auf das Papier und umrundet die Grundfläche mit einem Bleistift. Dann schneidet er die entstandene Fläche aus. Ganz zufrieden ist er mit dem Ergebnis nicht. Eva hat die entsprechenden Flächen aufgezeichnet. „Das dauert ganz schön lange", meint sie. „Es wäre schön, wenn man mehrere Flächen auf einmal ausschneiden könnte."

1. a) Wie viele verschiedene Flächen muss Eva zeichnen, um den Quader (Abb. 1) bekleben zu können? _____
   b) Wie viele Flächen kann sie auf einmal ausschneiden? _____

2. Petra schneidet Klebeband in Stücke, um damit die Kanten des Quaders zu verstärken. Wie viele Stücke sind jeweils gleich lang? _____

3. Eva hat sechs gleich große Quadrate ausgeschnitten. Wie sieht die Verpackung aus, die sie damit verschönert? _____

4. Ergänze: Die _____ Flächen eines Quaders sind gleich groß.

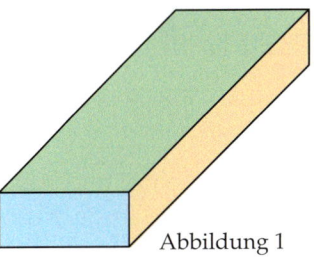

Abbildung 1

MEMO

Ein **Quader** wird von sechs rechteckigen Flächen begrenzt.

Er hat zwölf Kanten und acht Ecken. Gegenüberliegende Flächen sind gleich groß.

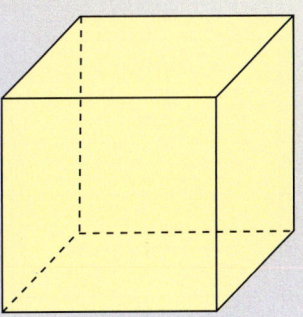

Ein **Würfel** ist ein besonderer Quader.
Er wird von sechs gleich großen Quadraten begrenzt.
Alle Kanten eines Würfels sind gleich lang.

Lösungen

1. a) drei, b) jeweils zwei. 2. je vier. 3. Es ist ein Würfel. 4. gegenüberliegenden

Übungen

1 Aus würfelförmigen Bausteinen werden neue Körper zusammengesetzt.
Wie viele Bausteine benötigst du, um die folgenden Körper zu einem Quader zu ergänzen?
Notiere jeweils die Anzahl.

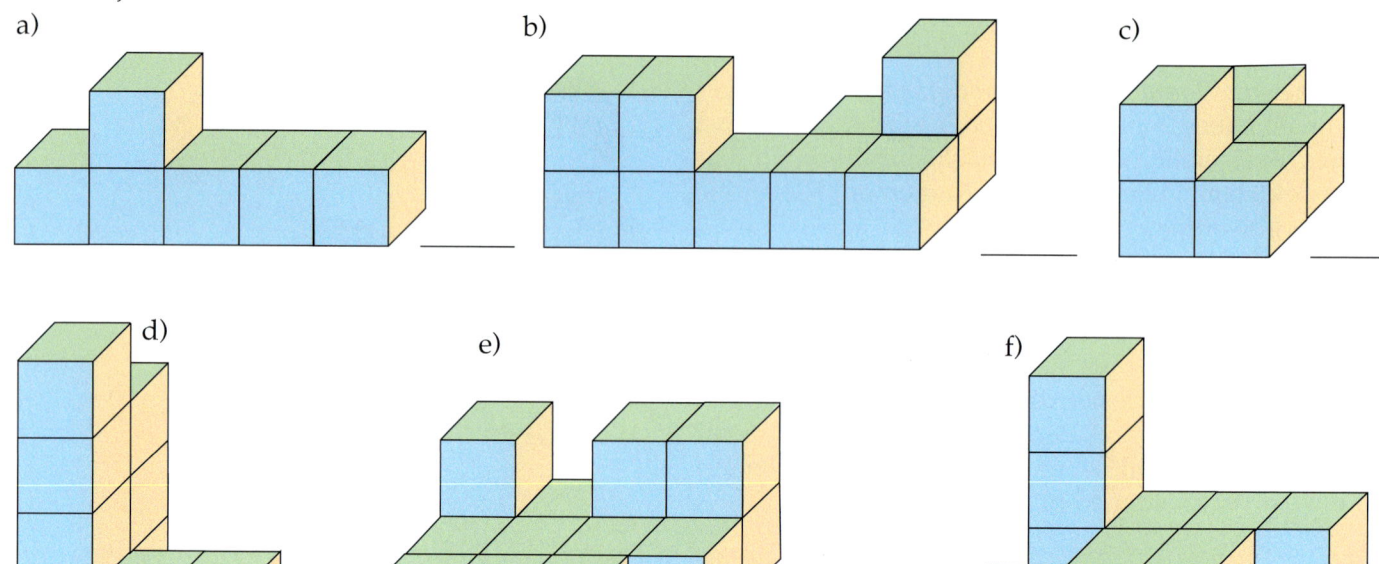

a)   b)   c)
d)   e)   f)

2 Oliver möchte mit Klebefilm alle Kanten der folgenden Quader verstärken. Er hat eine
Rolle von 10 m Länge. Kommt er damit aus, behält er etwas über? Er legt eine Tabelle an.

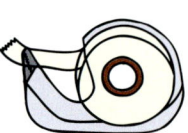

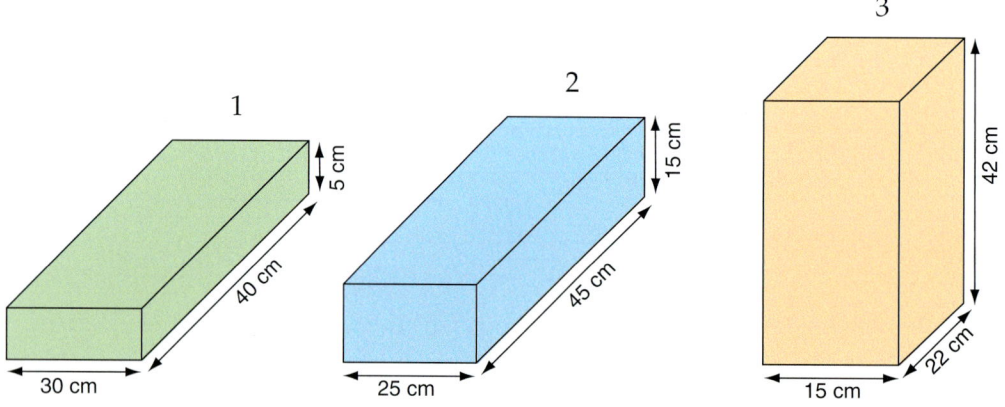

	Kante 1	Kante 2	Kante 3	Gesamt
Quader 1	4 · 30 cm =	4 · 40 cm =		
Quader 2				
Quader 3				
			SUMME	

Lösungen

1. a) 4, b) 10, c) 6, d) 15, e) 10, f) 9. **2.** Quader 1: 300 cm; Quader 2: 340 cm; Quader 3: 316 cm; er benötigt 956 cm, er behält also 44 cm übrig.

Übungen

1 a) Nenne fünf Beispiele für Quader.
b) Nenne fünf Gegenstände, die keine Quader sind.
c) Ist ein Stück Würfelzucker wirklich ein Würfel? Was ist mit einem Brühwürfel, Spielwürfel?

2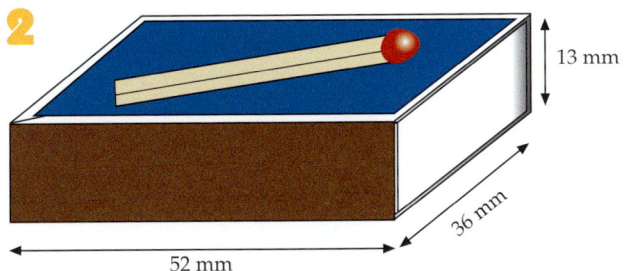

Hanno hat vier der oben abgebildeten Streichholzschachteln. Diese kann er zu verschiedenen neuen, größeren Quadern zusammenlegen.

a) Welche Quader kann er bauen, wenn er immer alle vier Schachteln verwendet? Gib jeweils die Länge, Breite und Höhe des Quaders an.
b) Welche Quader ergeben sich, wenn Hanno nur drei Schachteln verwendet?

3 a) Eva will mit Klebestreifen die Kanten eines Quaders verstärken. Er ist 13 cm lang, 10 cm breit und 8 cm hoch. Wie viel cm Klebestreifen benötigt sie insgesamt?
b) Dann möchte sie ihn mit einer Schnur umwickeln, wie in der Abb. zu sehen ist. Wie viel cm Schnur benötigt sie, wenn für Schleife und Knoten 25 cm hinzugerechnet werden müssen?

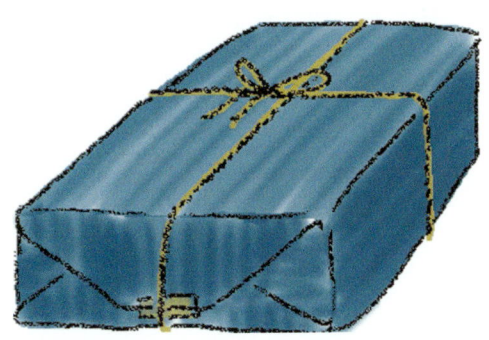

4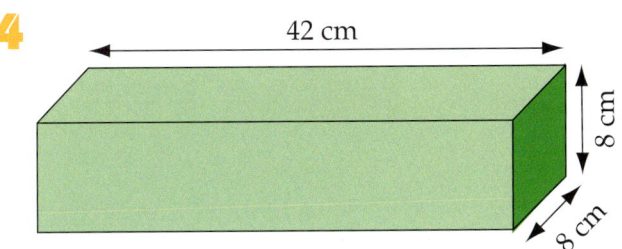

Das Kantholz soll durch einen oder zwei Längsschnitte so zerlegt werden, dass

a) zwei gleich große Quader,
b) drei gleich große Quader,
c) ein Würfel und ein Quader,
d) ein Würfel und zwei gleich große Quader entstehen.

Beschreibe jeweils, wie man schneiden müsste.

5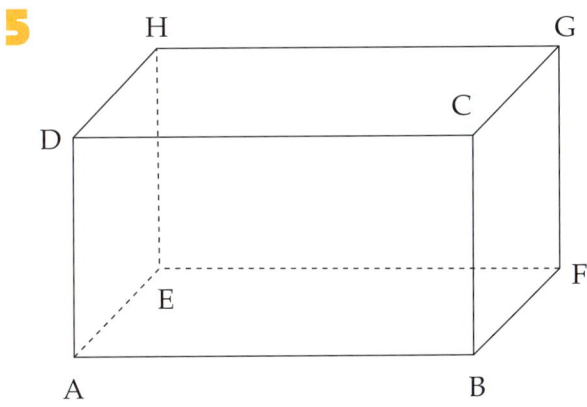

a) Welche Kanten des Quaders sind gleich lang?
b) Gib alle Kanten an, die parallel zu $\overline{DH}$ verlaufen.
c) Gib alle Kanten an, die senkrecht zu $\overline{AE}$ verlaufen.

6 Sabine besitzt Würfel, deren Kanten alle 2 cm lang sind.

a) Wie viele dieser Würfel braucht sie, um einen Würfel mit 4 cm Kantenlänge zusammenzusetzen?
b) Reichen 25 Würfel aus, um damit einen Würfel mit 6 cm Kantenlänge zu bauen?
c) Wie viele Würfel wären nötig, um einen 20 cm langen Würfel zu bauen?

Lösungen

1. c) Würfelzuckerstücke sind Quader, keine Würfel, da sie breiter auch sind. Brühwürfel: Es gibt sie beides. **2.** a) Er kann 6 verschiedene Quader legen: alle übereinander 52×36×52, übereinander 52×108×13, nebeneinander 52×144×13, jeweils 2 Lage 104×72×13, 104×36×26, 52×36×52. **3.** a) 124 cm b) 103 cm. **4.** ein Schnitt bei 21 cm und ein Schnitt bei 14 cm b) ein Schnitt bei 8 cm c) ein Schnitt bei 25 cm und ein Schnitt bei 17 cm. **5.** a) $\overline{AD}$, $\overline{BC}$, $\overline{FG}$, $\overline{EH}$ sind gleich lang; ebenso $\overline{AB}$, $\overline{EF}$, $\overline{DC}$, $\overline{HG}$ und $\overline{AE}$, $\overline{DH}$, $\overline{CG}$, $\overline{BF}$; b) $\overline{CG}$, $\overline{AE}$, $\overline{BF}$ c) $\overline{AD}$, $\overline{EH}$, $\overline{EF}$, $\overline{AB}$. **6.** a) 8 b) nein, c) 1 000

3 Netze von Quader und Würfel

Eine Gruppe möchte Schachteln bestimmter Größe selbst erstellen. „Wenn wir die Seitenteile alle einzeln ausschneiden, ist es aber sehr viel Arbeit," meint Karin. „Einfacher wäre es, die ganze Schachtel auf einmal zu zeichnen und auszuschneiden." „Wir können ja einmal eine Schachtel auseinander nehmen," schlägt Hannah vor. „Dann sehen wir ja, wie so eine Schachtel zusammengesetzt wird."

1. Trenne eine quaderförmige Schachtel so auf, dass du sie wie in der Abbildung hinlegen kannst.

2. Entferne alle Flächen, die keine Außenflächen des Quaders sind, also vor dem Aufschneiden nicht sichtbar waren. Übertrage dreimal auf kariertes Papier.

3. Färbe die Flächen, die in dem Quader gegenüberlagen, mit gleicher Farbe.

4. Schneide die Zeichnung aus und füge sie wieder zu einem Körper zusammen.

5. Schneide alle Flächen aus. Klebe sie dann in einer anderen Form so auf, dass du sie nach dem Ausschneiden wieder zu dem Umriss einer Schachtel zusammenfügen könntest. Suche nach mehreren Möglichkeiten.

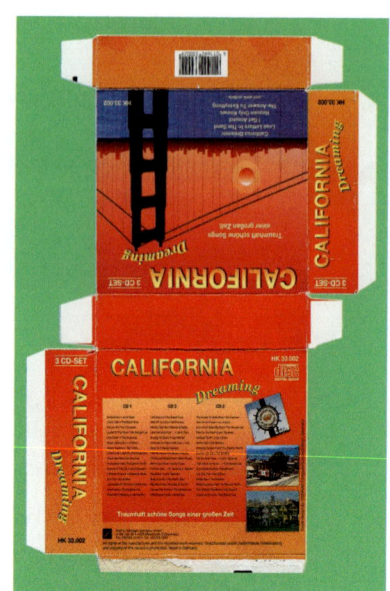

MEMO

Das **Netz** eines Quaders entsteht beim Abwickeln des Quaders. Alle Flächen des Körpers werden dann als ebene Figur in ihrer wahren Größe sichtbar.

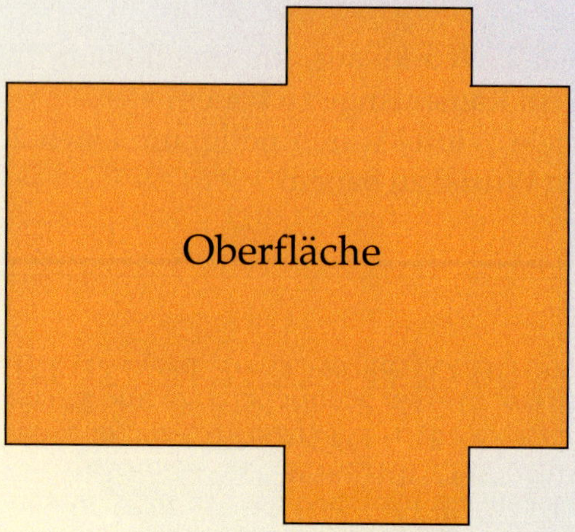

Oberfläche

Alle Teilflächen bilden zusammen die **Oberfläche** des Körpers.

Übungen

1 In den folgenden Netzen fehlt jeweils dieselbe Teilfläche. Zeichne das fehlende Rechteck an vier möglichen Stellen ein.

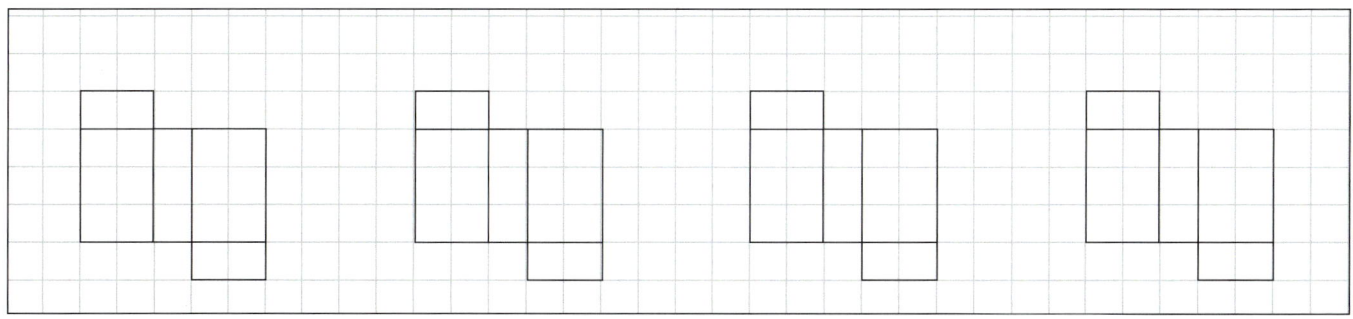

2 a) Suche alle Netze, die man zu einem Würfel zusammenfalten kann, und färbe jeweils gegenüberliegende Flächen mit derselben Farbe oder versehe sie mit derselben Schraffur.

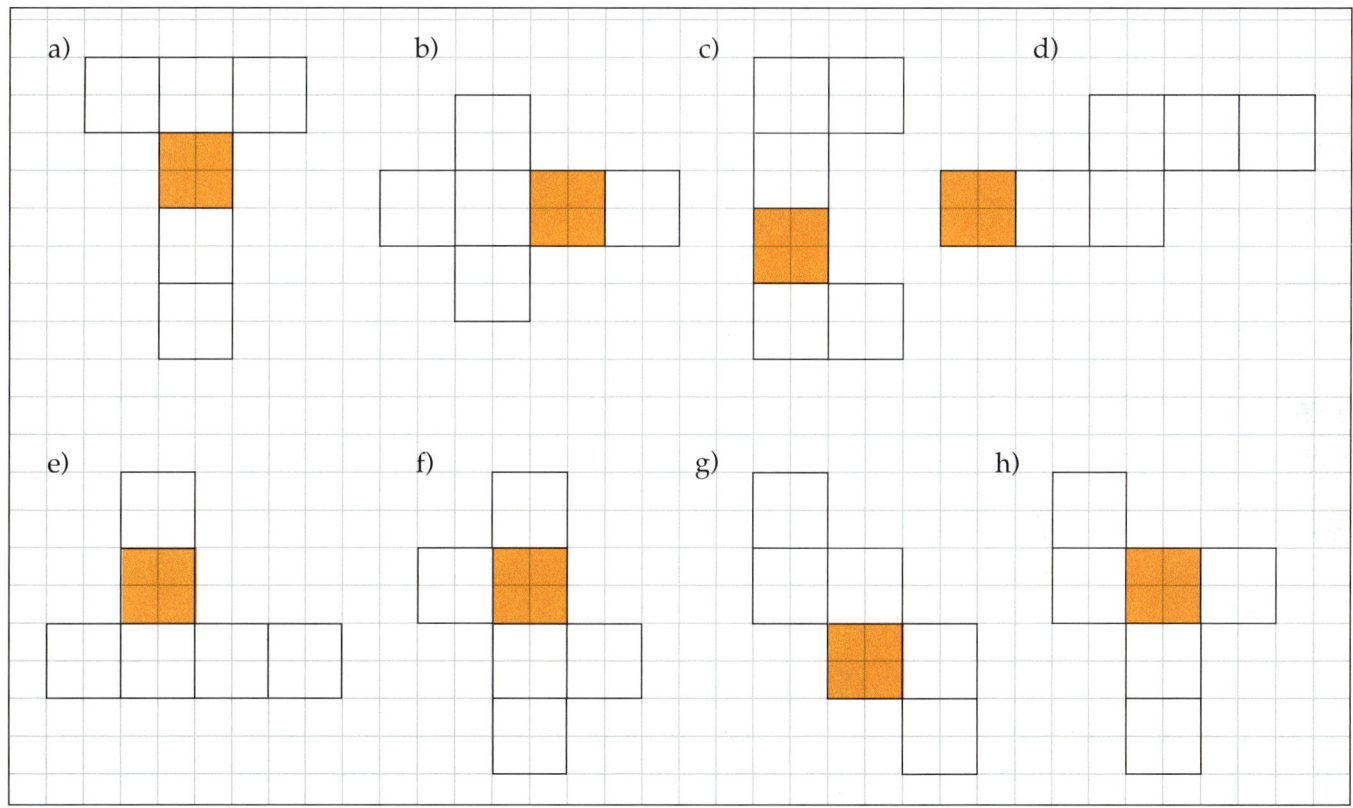

b) Die Abbildungen _____ sind **keine** Würfelnetze.

3 Welche der vier Netze ergeben nicht den abgebildeten Quader?

 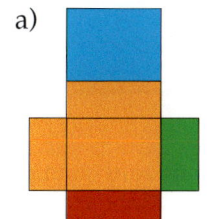 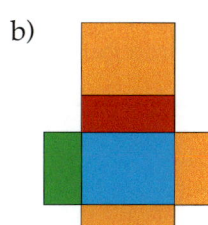 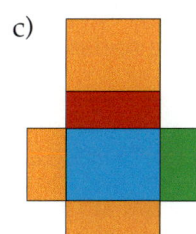 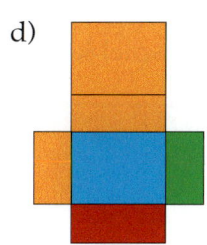

Lösungen

1) s. Lösungen Seite 63; **2)** s. Lösungen Seite 64; b) c und e; **3)** b und d

Mathe aktiv: Von einem Würfelspiel mit Eisbären, Löchern und Fischen

Auf dem langen Flug über die westlichen Küsteneisflächen Grönlands von Nuuk nach Thule haben sich Ann und Sam das Eisbärenspiel ausgedacht. Sie stellen es zu Hause ihren Freunden vor.

Ann erklärt: „Dieses Bild stelle dir als Loch im Eis vor, an dem zwei Eisbären sitzen, die vier Fische vertilgen können."

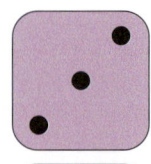

Sam ergänzt: „Leider haben diese vier Eisbären kein Loch, um die drei Fische unter dem Eis zu fangen."

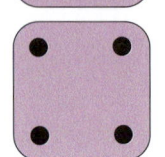

1. Erkläre mit Hilfe eines Würfels ihre Spielidee.

2. Was bedeuten nun diese Bilder?

a) 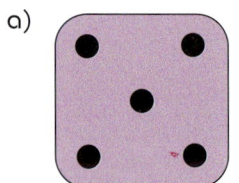   b) 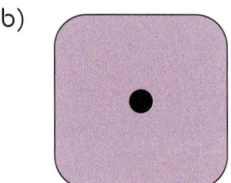   c) 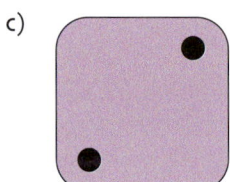   d)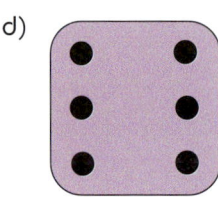

Spielmöglichkeiten:
- Wenn du alleine bist, würfle fünfmal und notiere dir die Anzahl der Fische unter dem Eis. Vergleiche durch eine zweite Runde, ob du jetzt mehr Fische fangen könntest.
- Zu zweit macht das Spiel bestimmt noch mehr Spaß!
---

3. Notiere, wie viele Fische die Eisbären nur fangen können (Aufgabe 2 a bis d).

4. Beim Spiel mit mehreren Würfeln sollst du jetzt herausfinden, wie viele Fische die Eisbären jeweils fangen können.

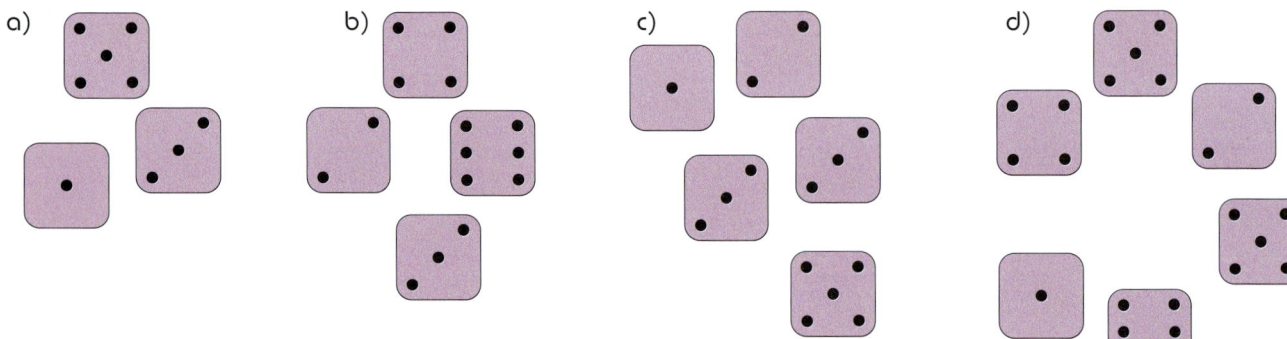

… und nun: Viel Spaß beim Würfeln zu mehreren!
Als Wettspiel könnt ihr um die meisten von Eisbären gefangenen Fische streiten.

Lösungen

1. Punkte in den Ecken sind die Eisbären, die sie als Loch im Eis stellst der Würfel das Loch mit Fischen unter erfassen werden (die Punkte der jeweils gegenüberliegenden Seiten des Spielwürfels ergeben in der Summe sieben). **2.** a) Vier Eisbären sitzen an einem Loch und können zwei Fische fangen. b) Sechs Eisbären, kein Loch, fünf Fische. c) Zwei Eisbären am Eisloch, sechs Fische. d) Keine Eisbären am Eisloch, sechs Fische. **3.** Lediglich die vier Eisbären bei 2 a) können Fische fangen, kein Eisloch, ein Fisch. **4.** a) Zwei mal sechs Eisbären, sechs Fische. b) Zwei Eisbären, vier Fische. c) Acht Eisbären, zehn Fische. d) Acht Eisbären, vier Fische (Hinweis: Da in der Eiswüste die Eislöcher weit voneinander entfernt sind, können die Eisbären leider nicht zu einem offenen Loch mit vielen Fischen laufen.)

48

Übungen

1 Bei einem Spielwürfel beträgt die Augensumme gegenüberliegender Seiten immer 7. Ergänze in den Würfelnetzen die fehlenden Punkte so, dass sich das Netz eines Spielwürfels ergibt:

3 Mehrere Würfel werden aufeinander gestapelt. Wie viele Augen sind insgesamt sichtbar?

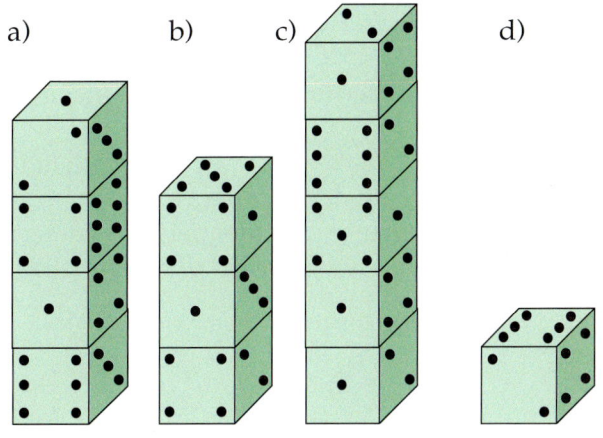

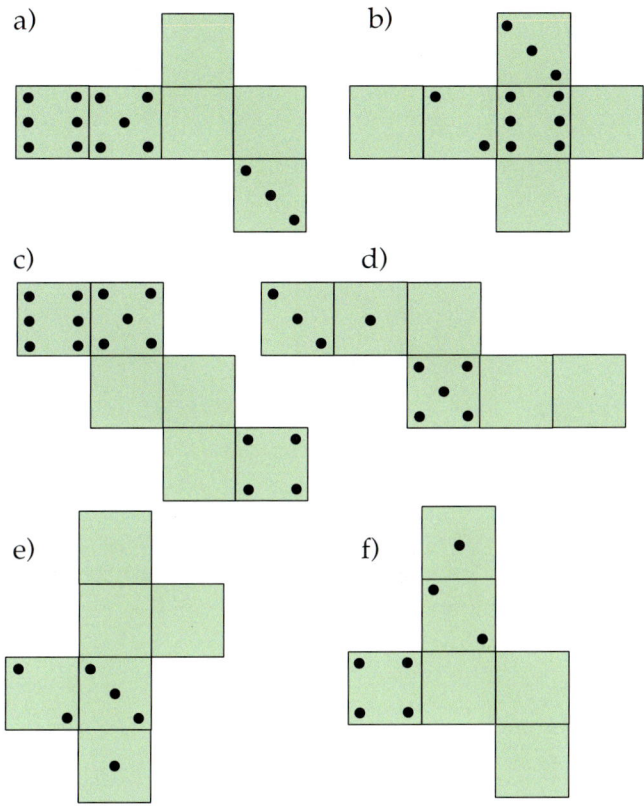

4 Das folgende Netz soll zu einem Quader zusammengefügt werden. In jeder der acht Ecken treffen sich drei Punkte. Vervollständige in der Tabelle, welche Punkte zusammen eine Ecke bilden.

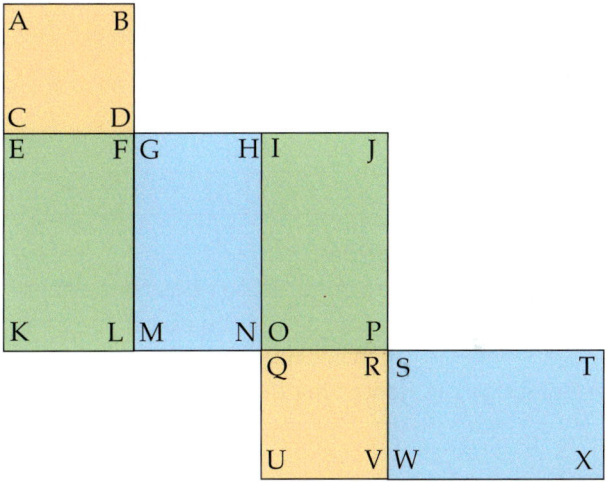

2 Welche der folgenden Figuren sind Quadernetze?

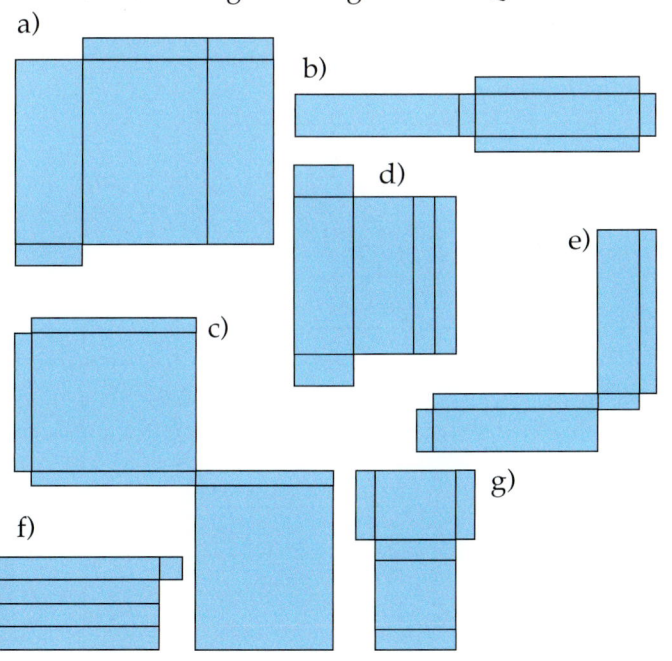

Folgende Punkte bilden eine Ecke:		
A		
B		
C		
D	F	G
Q		
R		
U		
V		

Lösungen

AWK
1. s. Lösungen Seite 64. 2. b, c, e, f und g. 3. a) 57, b) 47, c) 72, d) 20. 4. ATJ, BHI, CXE, DFG, QNO, RPS, ULM, VWK

4 Netze anderer Körper

Die Herstellung quaderförmiger Schachteln klappt in der Gruppe schon recht ordentlich.
„Pralinen oder Geschenke sind oft ganz ausgefallen verpackt. Wo wir uns so viel Mühe geben mit der eigenen Herstellung, sollten wir ruhig auch mit verschiedenen Formen experimentieren," schlägt Janine vor. „Eine gute Idee!", findet Hannah und holt aus der Sammelkiste einige Beispiele.

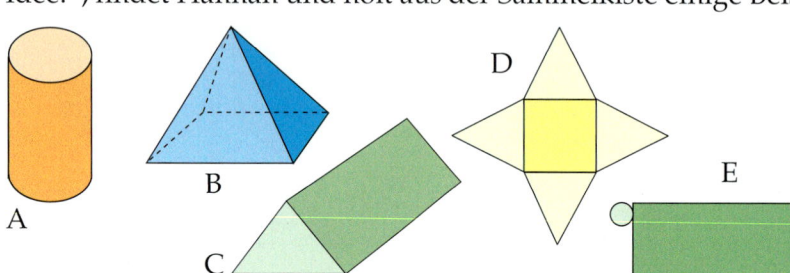
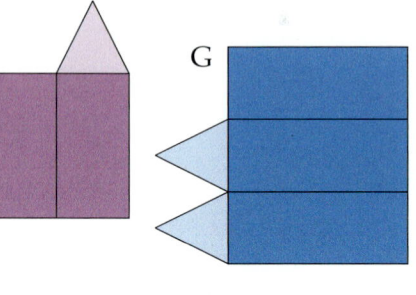

1. Benennt die Körper und ordnet das entsprechende Netz zu:
   zu A gehört _____, zu B gehört _____, zu C gehört _____.

2. Schreibt die Anzahl und Namen der Flächen auf, aus denen die Netze bestehen:
   Netz D besteht aus _____
   Netz E besteht aus _____
   Netz F besteht aus _____
   Netz G besteht aus _____

3. Stelle selbst Prismen her:
   • Übertrage mit Hilfe der Kästchen das Netz der Prismen auf kariertes Papier.
   • Schneide das Netz aus und klebe es auf Tonpapier oder Karton.
   • Ritze die Faltkanten mit Hilfe von Schere und Lineal vor, denn dann lässt sich der Körper leichter zusammensetzen.
   • Befestige die Kanten mit Klebestreifen.

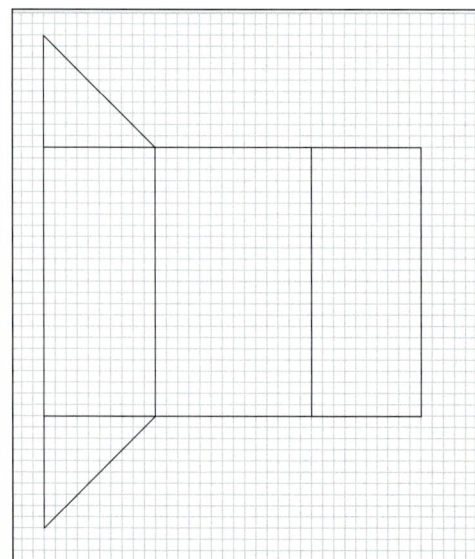
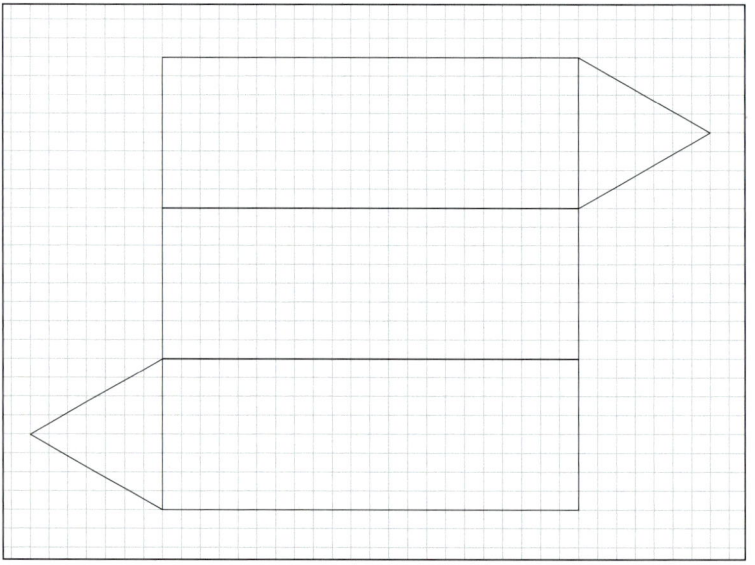

Lösungen

1. Zylinder A zu Netz E, Pyramide B zu Netz D, Prisma C zu Netz F. 2. D: ein Quadrat und vier Dreiecke, E: ein Rechteck und zwei Kreise, F: drei Rechtecke und zwei Dreiecke, G: wie F.

Übungen

Welcher Körper versteckt sich hier???

Durch Auszählen der Kästchen lässt sich dieses Netz leicht abzeichnen. Natürlich kannst du auch durchpausen oder diese Seite kopieren.

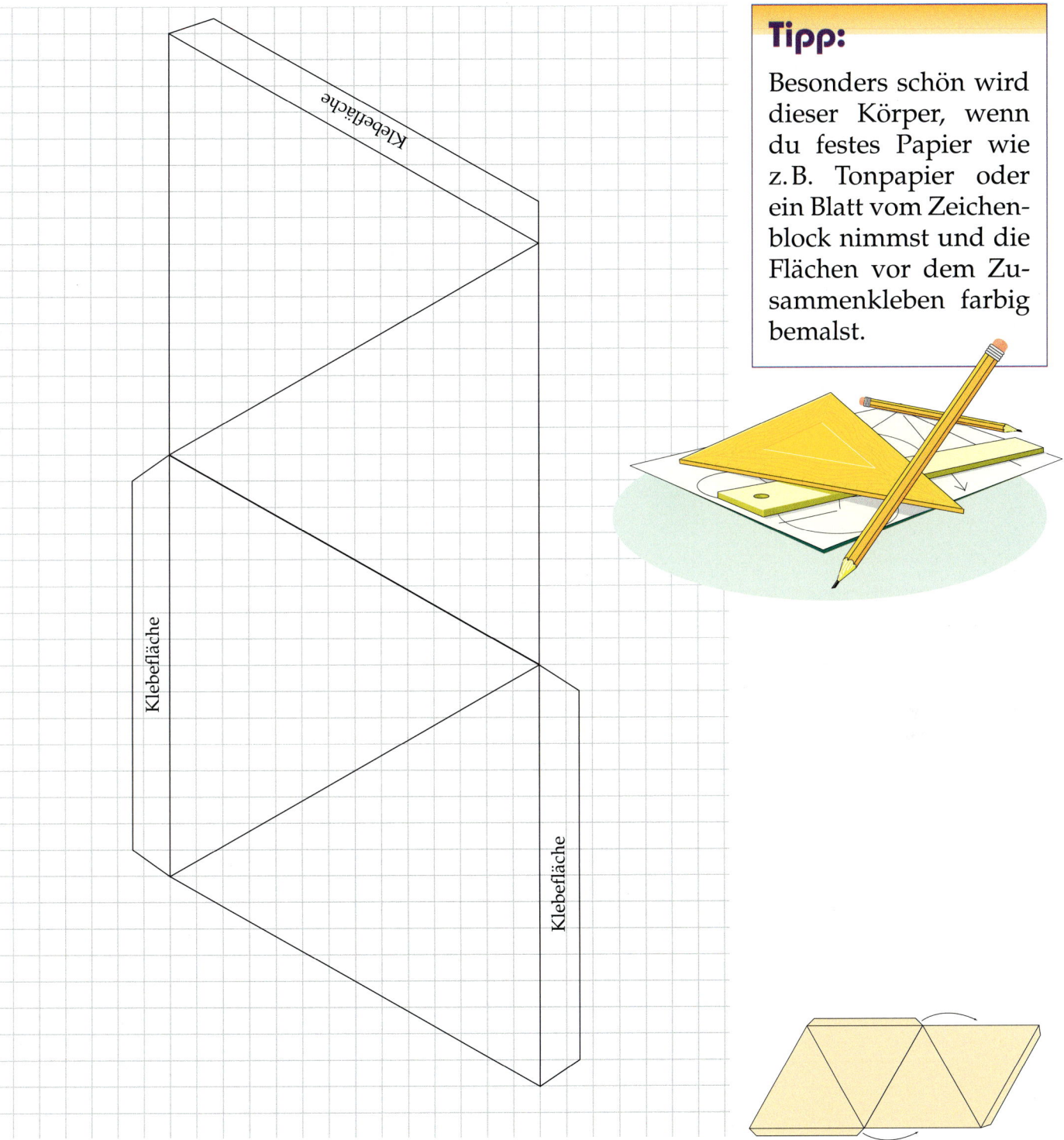

Tipp:

Besonders schön wird dieser Körper, wenn du festes Papier wie z. B. Tonpapier oder ein Blatt vom Zeichenblock nimmst und die Flächen vor dem Zusammenkleben farbig bemalst.

Lösung

Tetraeder

Übungen

1 Bettina und Thomas wollen eine ähnliche Schokoladenverpackung bekleben. Jede Seite soll eine andere Farbe erhalten.

a) Wie viele verschiedene Farben Buntpapier benötigen sie?
b) Welche Flächen müssen sie zeichnen und wie viele brauchen sie jeweils?

2 Lassen sich aus allen gezeichneten Netzen Prismen herstellen? Prüfe und benenne die Fehler.

a)
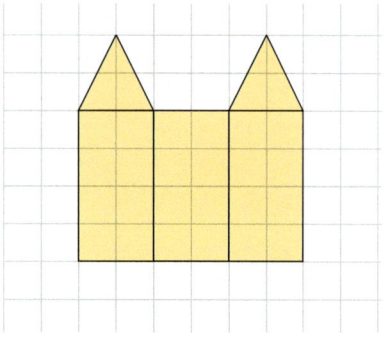

b)
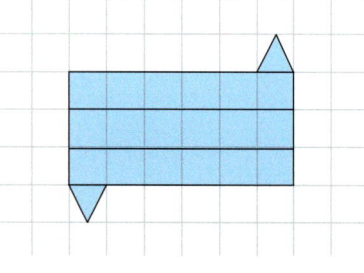

c)
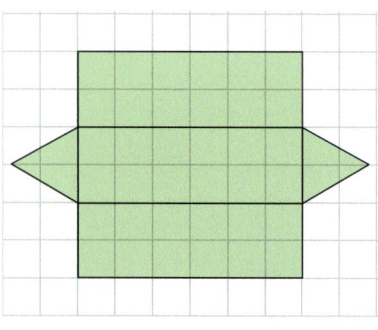

3 Ergänze jeweils die fehlende Fläche und benenne den Körper.

a)
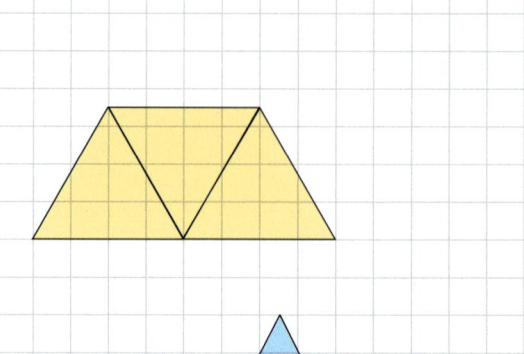

b)
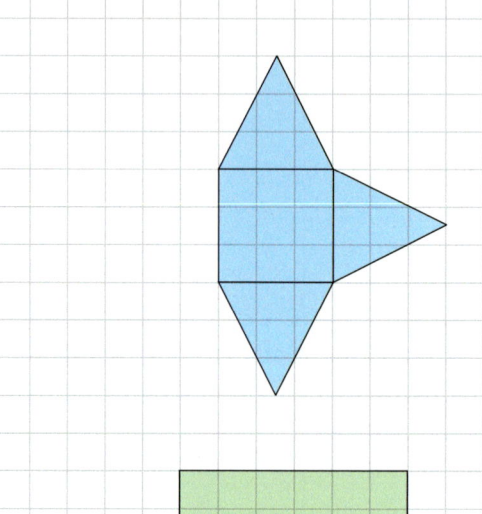

c)
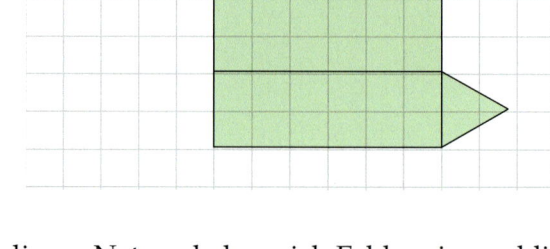

4 Bei diesen Netzen haben sich Fehler eingeschlichen. Markiere fehlerhafte Flächen rot, vervollständige das Netz und benenne den Körper.

a)
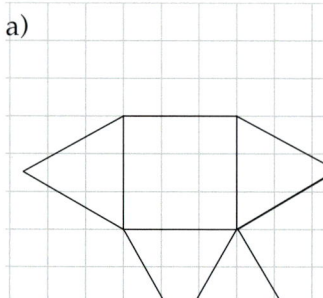

b)
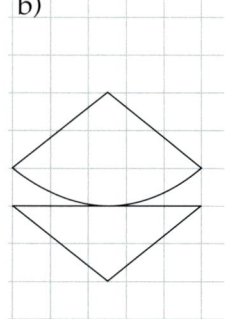

Lösungen

1. a) fünf. b) drei Rechtecke, zwei Dreiecke. **2.** a) nein: Ein Dreieck muss auf der gegenüberliegenden Seite liegen. b) nein: Beide Dreiecke müssen jeweils an einer Schmalseite liegen. c) ja. **3.** a) Tetraeder: ein Dreieck anfügen (mehrere Lösungen). b) Pyramide: viertes Dreieck an der freien Quadratseite anfügen. c) Prisma: Zweites Dreieck an der gegenüberliegenden Schmalseite anfügen. **4.** a) Quadrat unten falsch, fehlendes Dreieck am inneren Quadrat anfügen. Pyramide. b) Dreieck ist falsch, Kreis einzeichnen. Kegel.

52

5 Schrägbilder von Quadern

Im Kunstunterricht greift die Kunstlehrerin der Klasse 5c das Thema „Schachteln und Verpackungen auf. Die Schülerinnen und Schüler sollen die verschiedenen Schachteln zeichnen. Nach den ersten Freihandzeichnungen haben sie die Aufgabe, einen Würfel zu zeichnen. Dabei sollen sie Zeichenwerkzeuge verwenden. Sie diskutieren über ihre ersten Entwürfe:

Freihandzeichnung

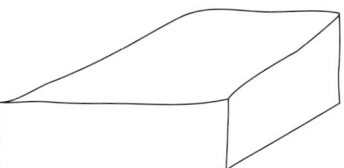

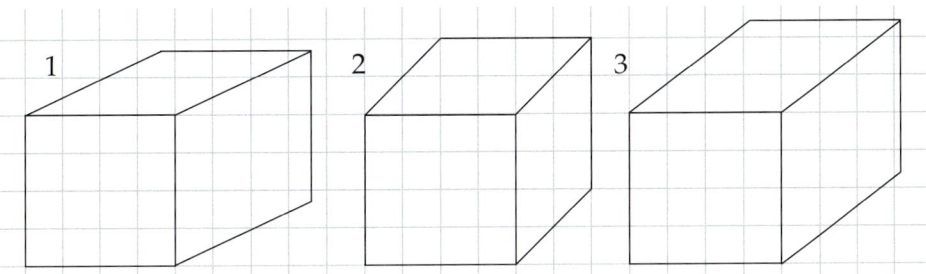

1. Welche Figur sieht wie ein Würfel aus? Nummer _____

2. Was ist in den anderen Abbildungen zu ändern, damit die Figuren wie Würfel aussehen?
   _____
   _____

3. Miss die Kantenlänge der einzelnen Figuren. Was fällt dir auf?
   _____
   _____

4. Wie verlaufen die Linien, die nach hinten gehen?
   _____
   _____

MEMO

Das **Schrägbild** ist die Darstellung eines Körpers auf einer Zeichenebene.

Beim Zeichnen von Schrägbildern legen wir eine Fläche in Richtung der Linien der Rechenkästchen.

Kanten, die nach „hinten" verlaufen, zeichnen wir etwa um die Hälfte verkürzt. Als Richtung wählen wir die Diagonale der Rechenkästchen.

Nicht sichtbare Kanten werden gestrichelt gezeichnet oder weggelassen.

Lösungen

1. Nummer 2. 2. Die nach hinten verlaufenden Linien müssen kürzer sein. 3. Bei 1 und 3 sind alle Kanten gleich lang, bei 2 nicht. 4. Sie verlaufen bei 2 und 3 in Richtung der Diagonalen der Kästchen.

Übungen

1 Ergänze die unvollständigen Schrägbilder.

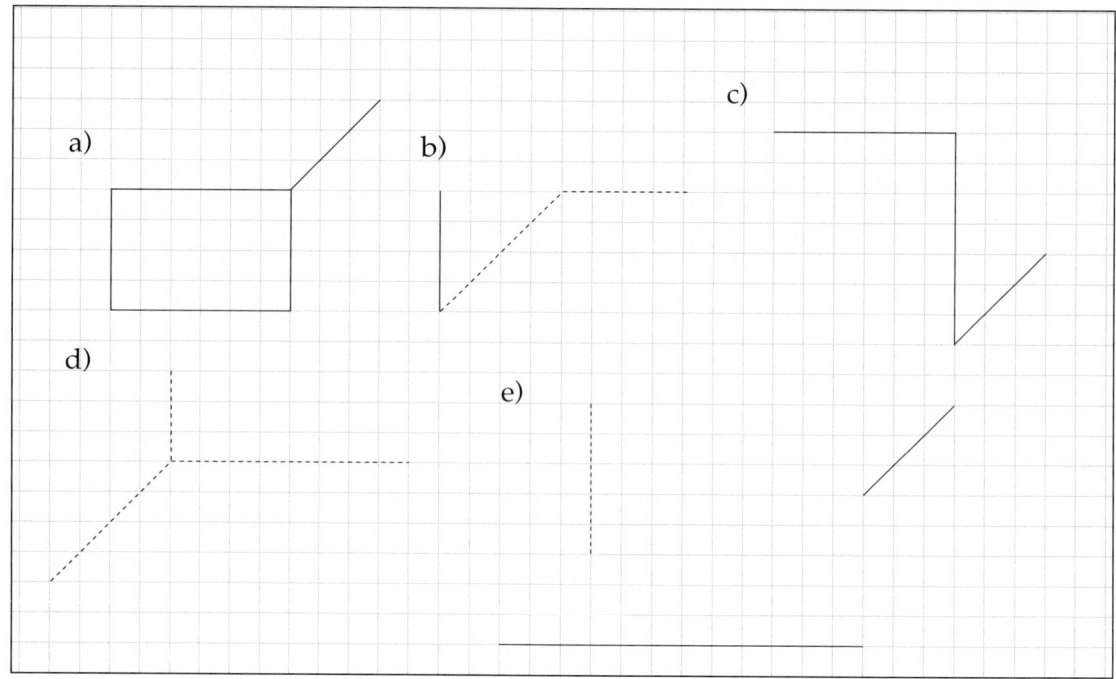

2 Suche den Schatz! Verbinde den Punkt unterhalb der schwarzen Klippen mit dem Punkt bei den Palmen. Ziehe dann eine Linie zum Punkt links neben der Hölle, von dort ziehe eine Linie zu den Bäumen. Es entsteht ein unvollständiges Schrägbild eines Quaders. Vervollständige es!
Die verborgenen (gestrichelten) Linien treffen sich beim Schatz.

Lösungen

1. siehe Lösungen Seite 64. **2.** Der Schatz liegt an der Spitze der Pyramide (s. Lösungen Seite 65).

Übungen

1 Zeichne ein Schrägbild

a) eines Würfels mit der Kantenlänge a = 4,5 cm,
b) eines Quaders mit a = 7 cm, b = 3,5 cm und c = 5 cm.

Hinweis: Wenn du die nach hinten verlaufenden Linien genau um die Hälfte verkürzt, liegt die Ecke nicht auf einem Gitterpunkt. Verlängere die Kante bis zum nächsten Punkt.

2 Ein Quader hat die Maße 6 cm, 5 cm und 4 cm. Zeichne auf zwei Arten ein Schrägbild, indem du unterschiedliche Vorderseiten wählst.

Hinweis: Wenn du die nach hinten verlaufenden Linien genau um die Hälfte verkürzt, liegt die Ecke nicht auf einem Gitterpunkt. Verlängere die Kante bis zum nächsten Punkt.

3 Ein Quader mit einer quadratischen Grund- und Deckfläche wird als quadratische Säule bezeichnet.

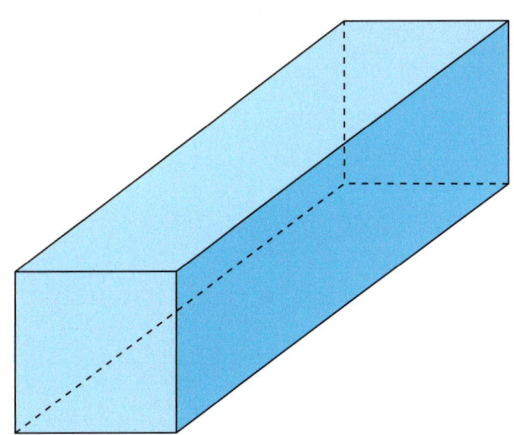

Zeichne das Schrägbild einer quadratischen Säule in zwei anderen Lagen:

a) eine rechteckige Fläche vorn, der Körper steht,
b) eine rechteckige Fläche vorn, der Körper liegt.

4 Betrachte die folgenden Schrägbilder:

a) 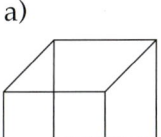 b) 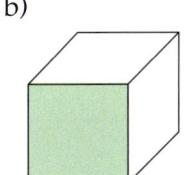 c)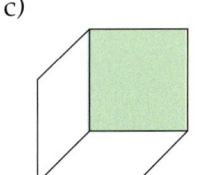

In den Abbildungen b) un d c) ist jeweils eine Fläche eingefärbt, die damit optisch „vorne" liegt. Wenn du Abbildung a) länger betrachtest, wird das Bild „kippen".

a) Wie sind die nicht sichtbaren Linien gezeichnet?
b) Zeichne ebenso einen Quader.

5 Übertrage die angefangenen Würfel-Schrägbilder in dein Heft und ergänze die fehlenden Kanten.

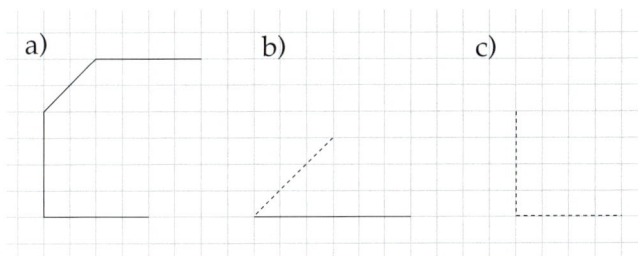

6 Petra hat mit ihrem Textverarbeitungsprogramm das Wort „FETE" auf der Einladungskarte mit dreidimensionalen Buchstaben geschrieben: Zeichne das Wort HIT mit Blockbuchstaben im

Schrägbild. Wähle als Höhe 5 cm.

7 Übertrage den folgenden Quader in dein Heft. Zeichne dann ein anderes Schrägbild, in dem die farbige Fläche vorne liegt.

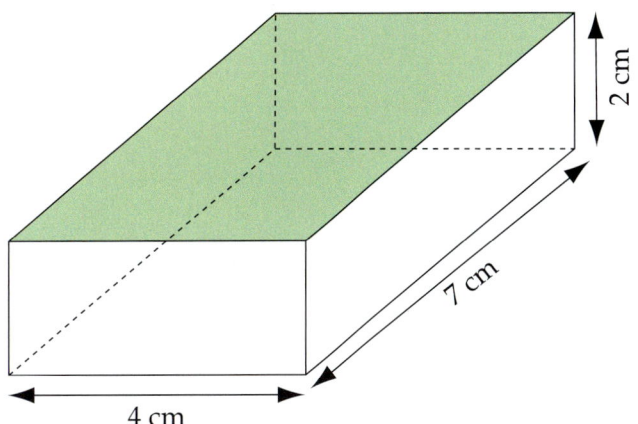

Lerntipp:
Spielend lernen – mit Memory

Schneide die Quadrate aus und klebe sie auf einen festen Karton (5 cm x 5 cm groß). Abweichend vom bekannten Bilder-Memory gehören jeweils ein Bild- und ein Schriftquadrat zusammen.
Spielvariante: Wer alle vier Karten einer Serie aufdeckt, erhält Zusatzpunkte, die vorher verabredet werden.

Pyramide	Kegel	Zylinder
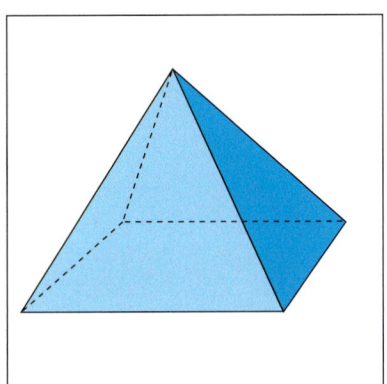	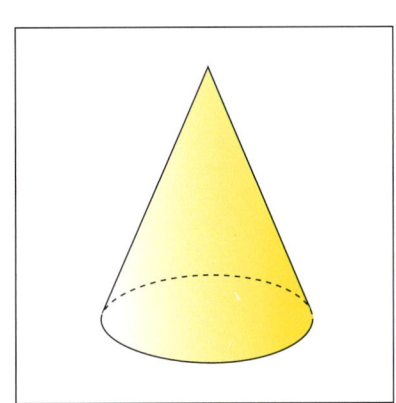	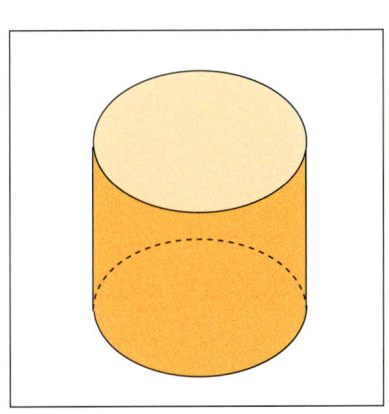
Pyramide	Kegel	Zylinder

57

| Prisma | Kugel | Quader |

| | | |

| Prisma | Kugel | Quader |

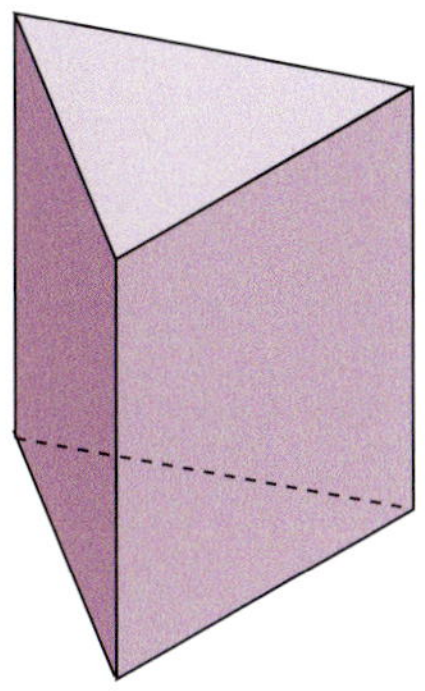

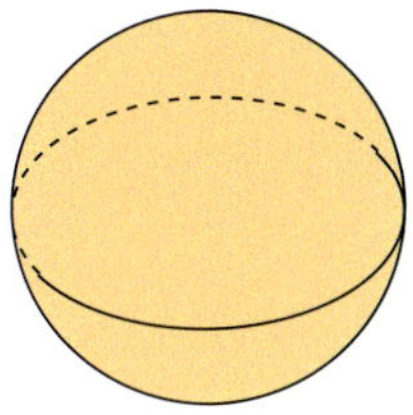

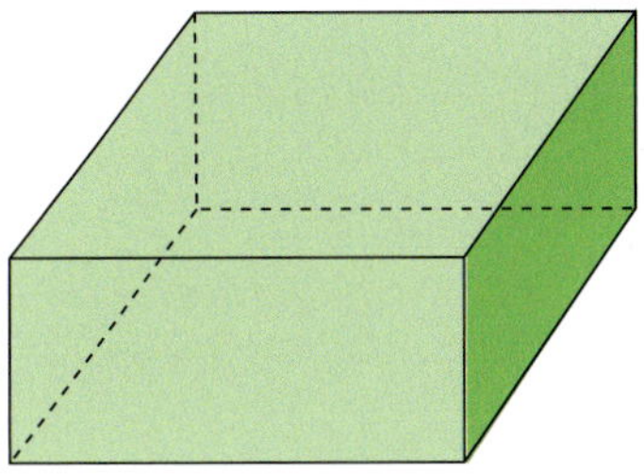

Würfel	Quadratische Säule	Tetraeder
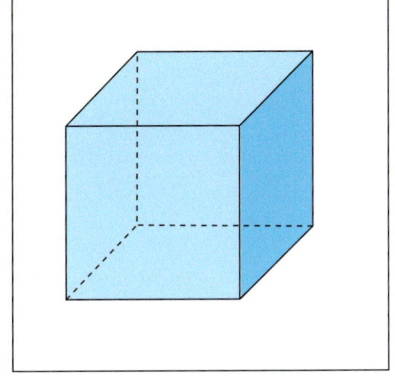	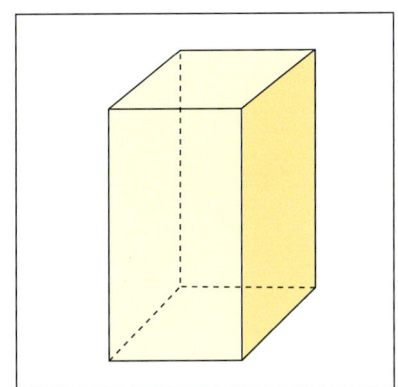	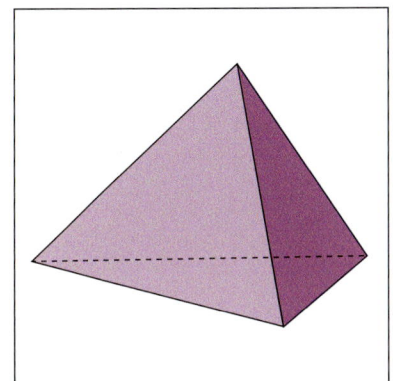
Würfel	Quadratische Säule	Tetraeder

Lösungen

■ **Seite 9, 2. c**

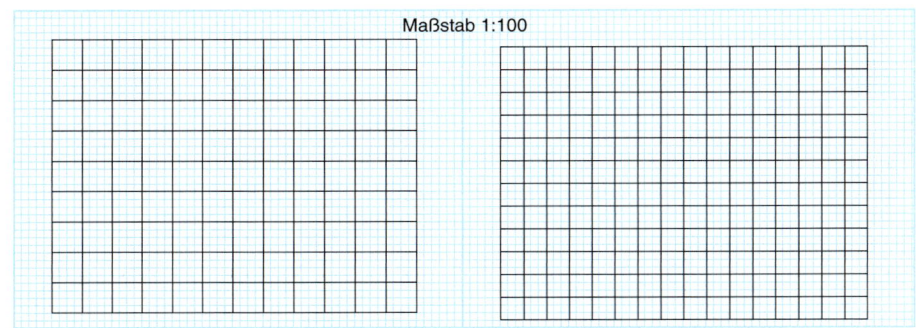

■ **Seite 47, 1.**

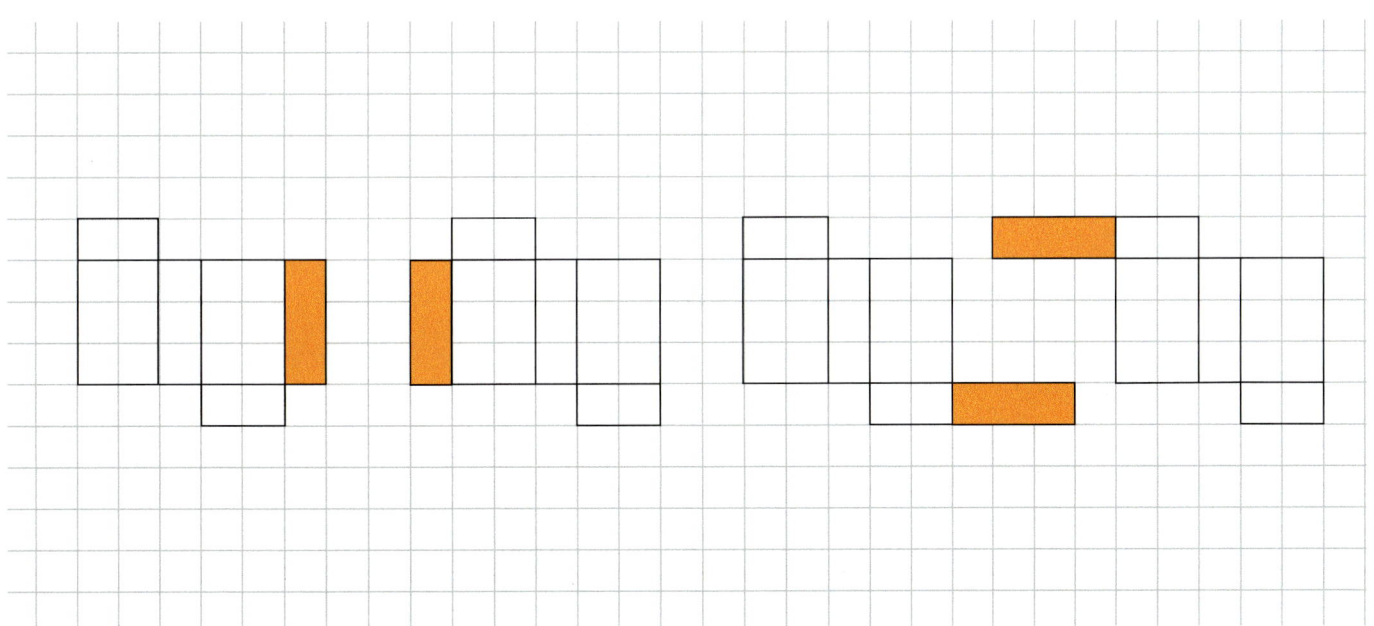

63

Lösungen

■ **Seite 47, 2. a)**

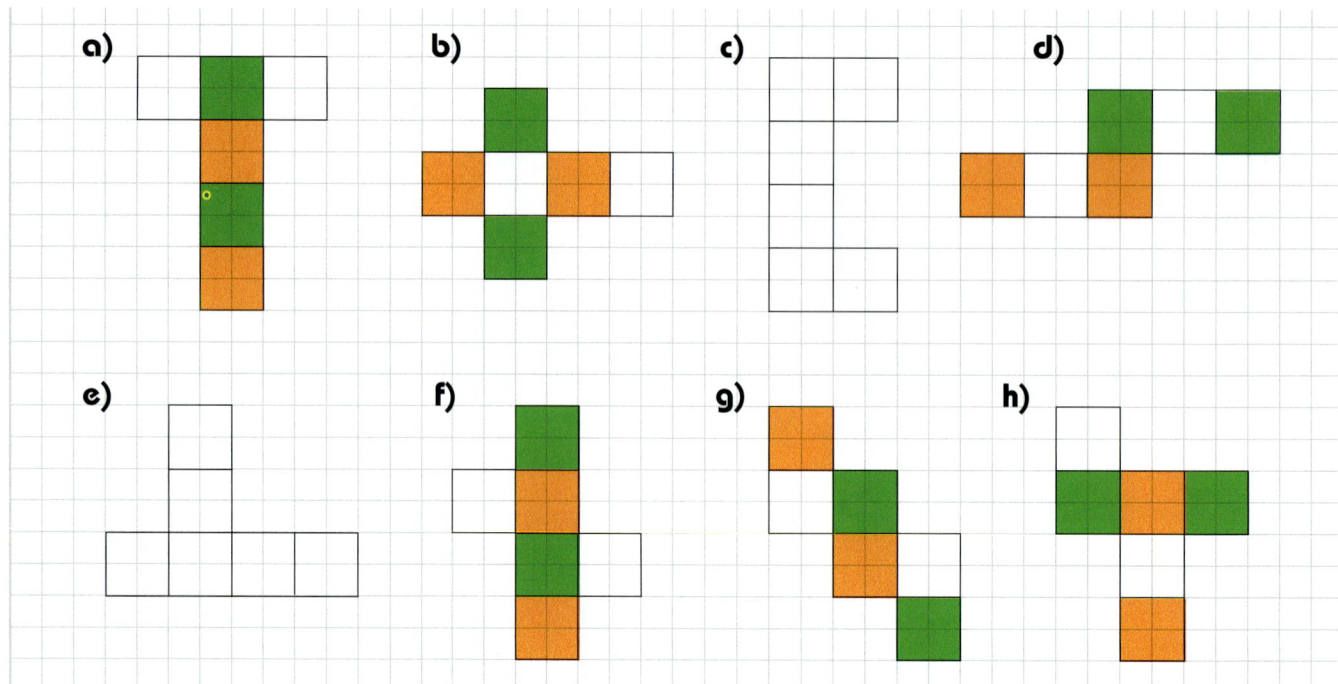

■ **Seite 49, 1.**

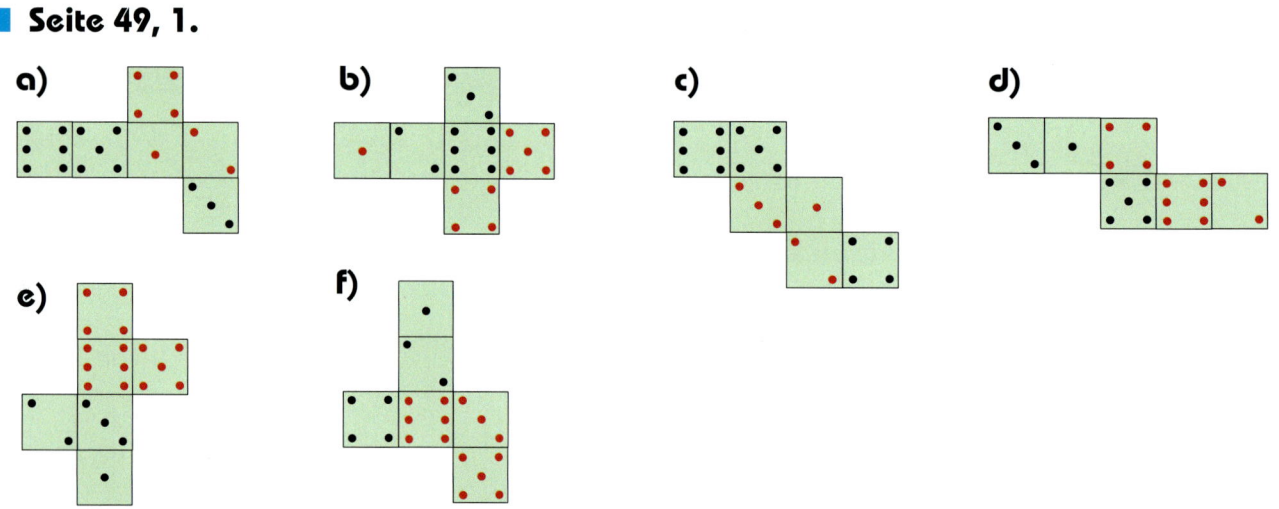

■ **Seite 54, 1.**

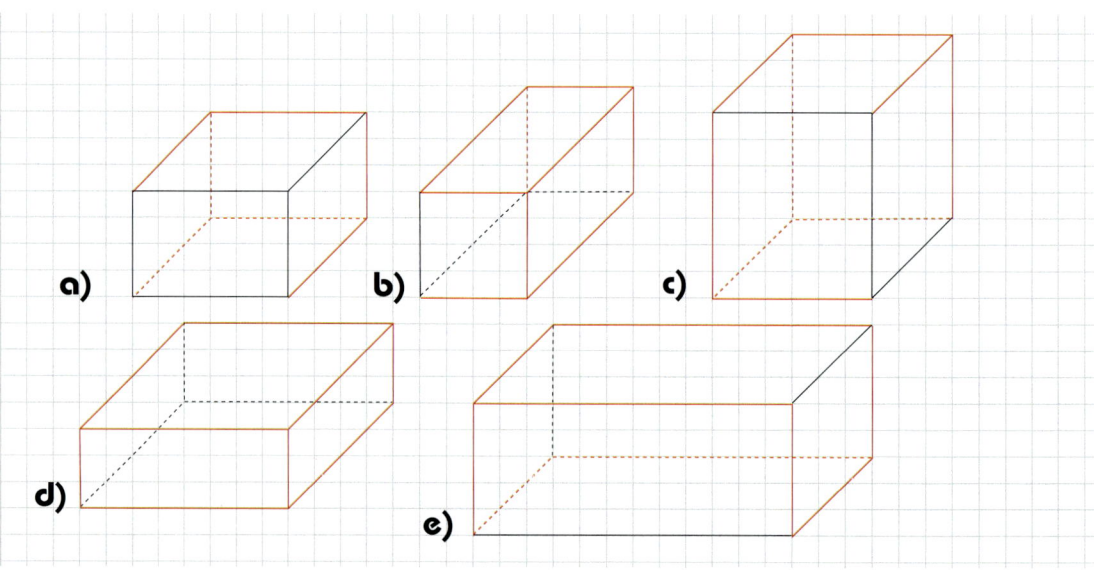

Lösungen

■ **Seite 54, 2.**

■ **Seite 55, 1.**

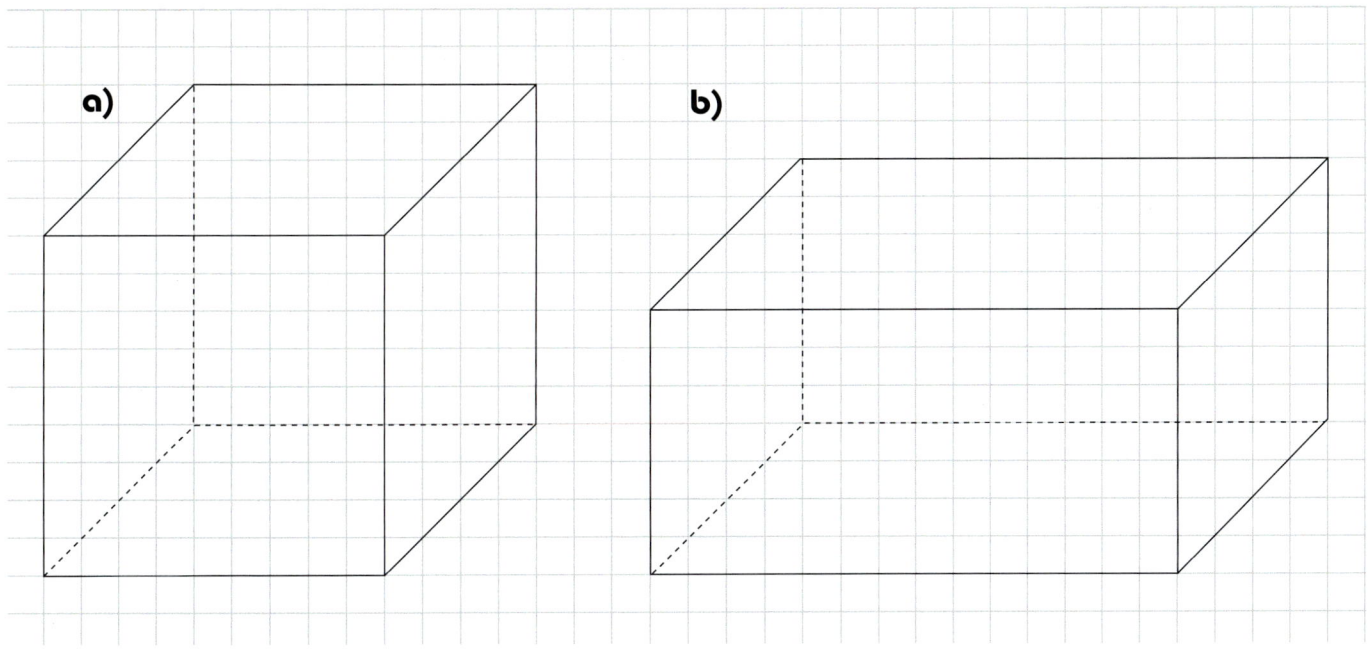

65

Lösungen

■ Seite 55, 2.

■ Seite 55, 3.

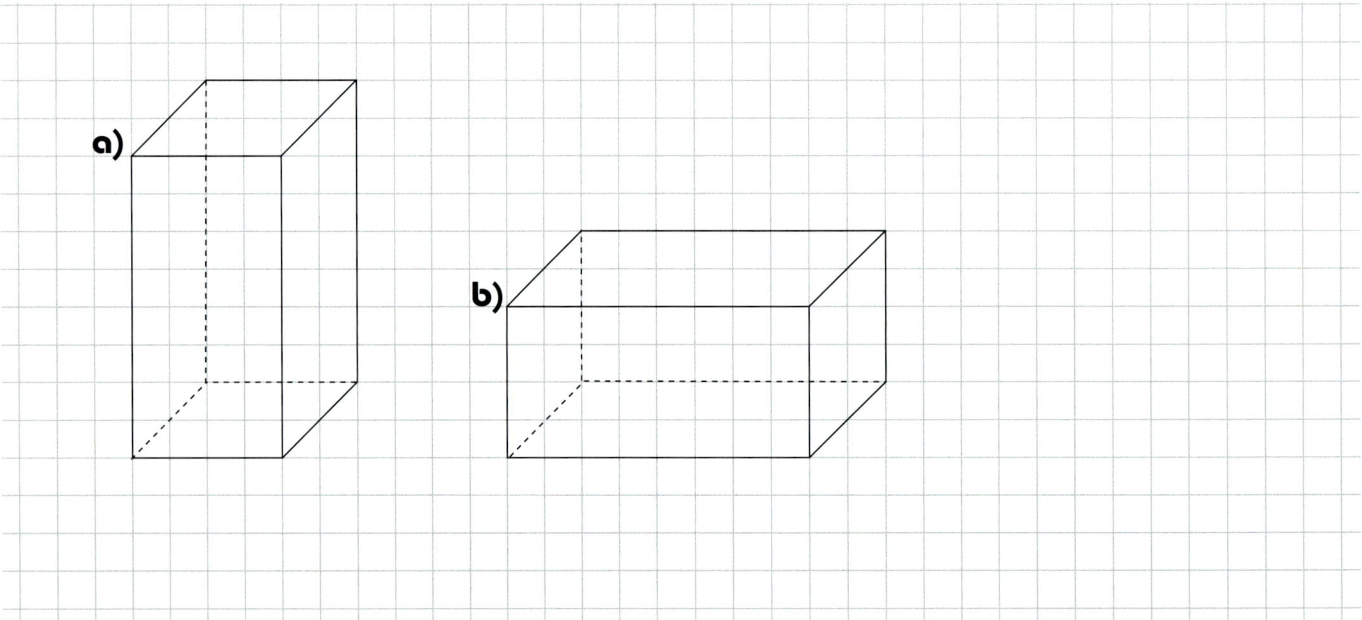

■ Seite 55, 4.

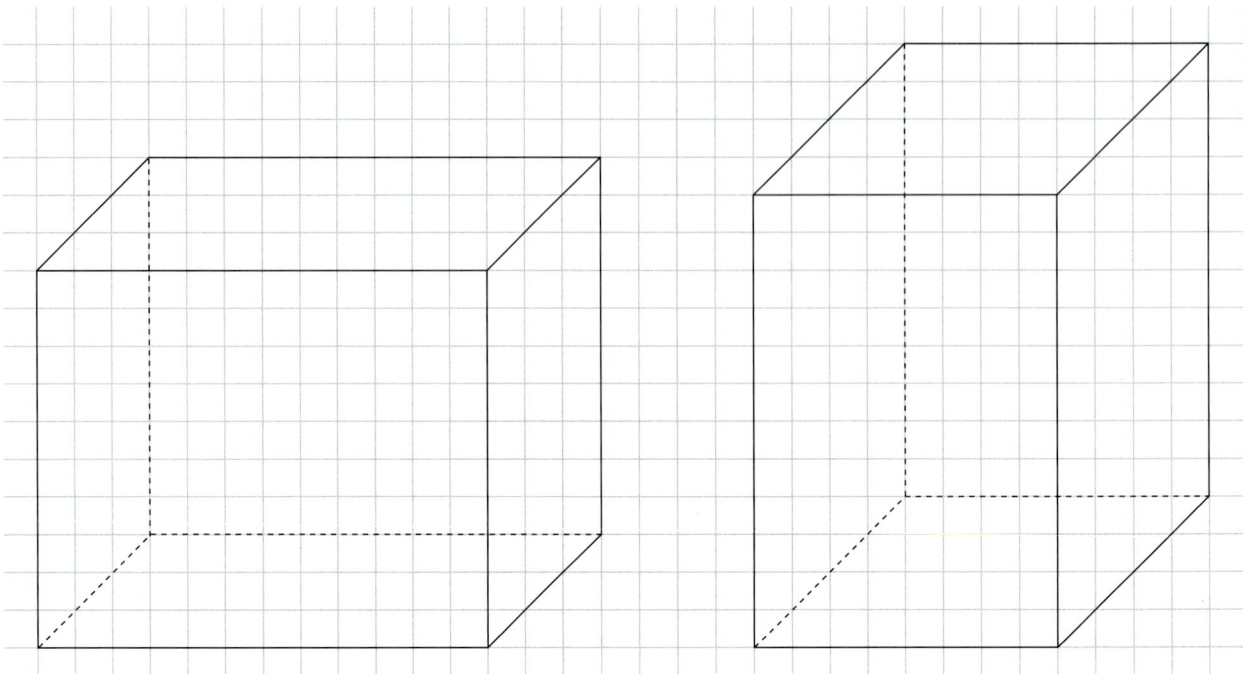

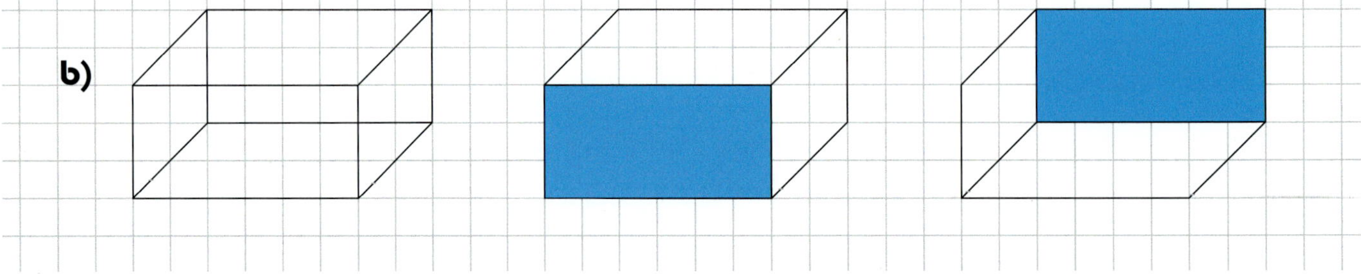

Lösungen

■ **Seite 55, 5.**

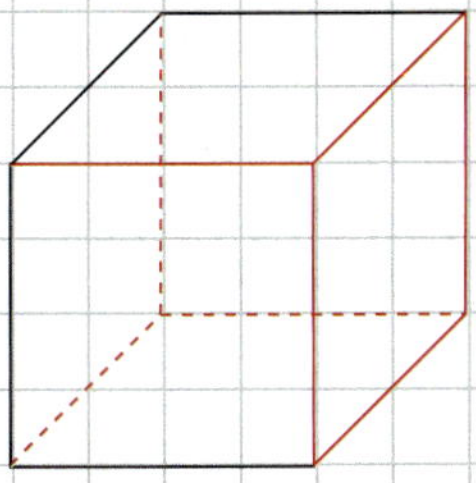

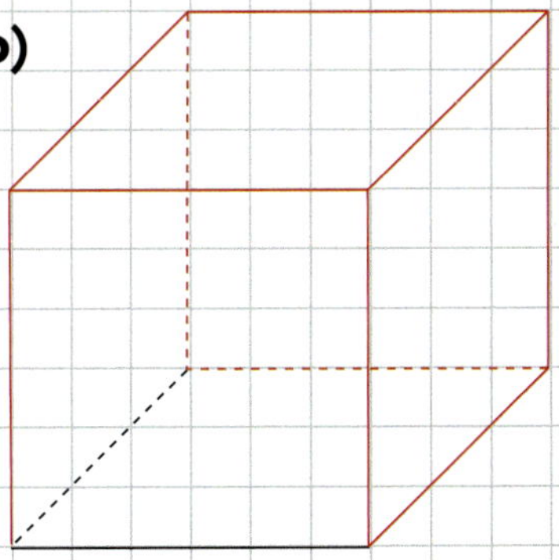

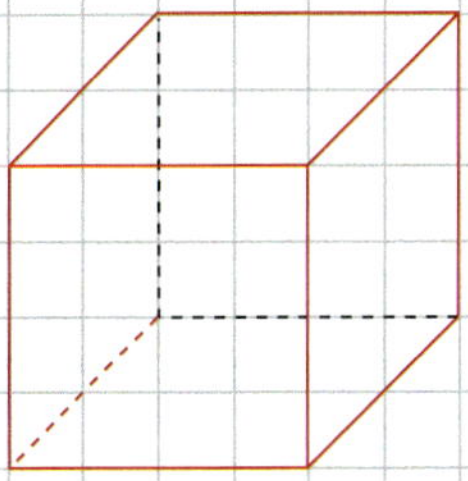

■ **Seite 55, 6.**

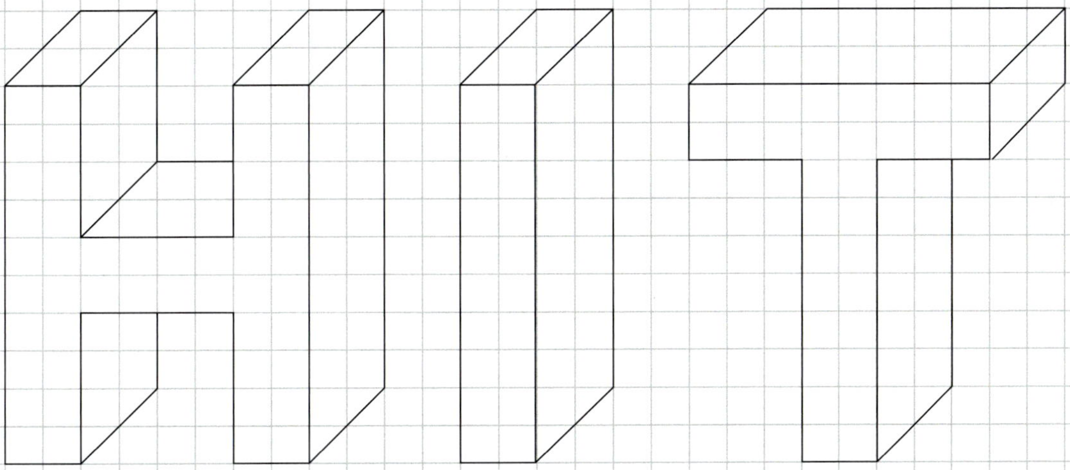

■ **Seite 55, 7.**

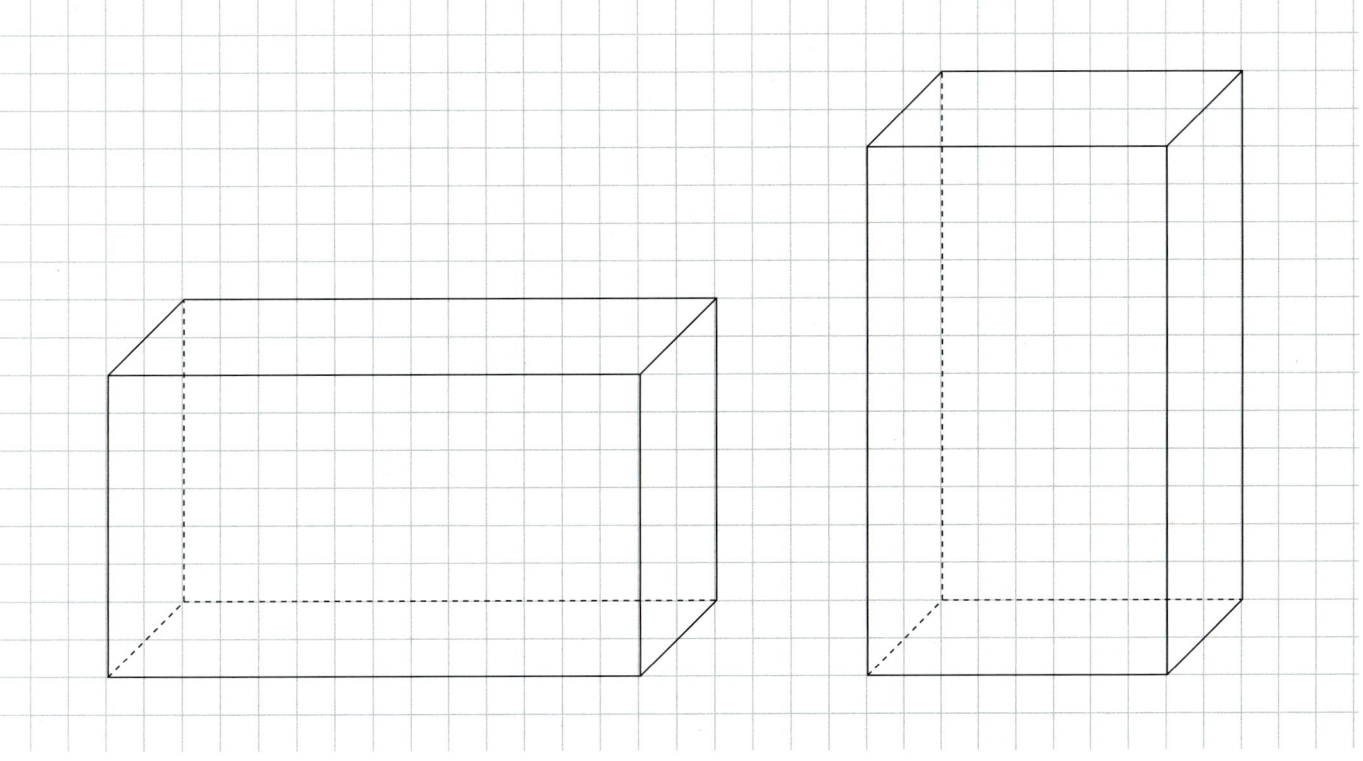

EinFach Mathe
Lernhilfen

Erarbeitet von Hans-Peter Anders, Karl-Heinz Barth, Konrad Fecke, Sigurd Hein, Petra Kunert, Gernot Mahn, Hans-Joachim Püffke, Jürgen Thomann, Thomas Wessel und Heyo Wulff

Jahrgangsstufe 5

Projekt: Meine neue Schule
20 S., vierfarb., DIN A4, geh.   Best.-Nr. 037311

Natürliche Zahlen – Addition und Subtraktion
53 S., vierfarb., DIN A4, geh.   Best.-Nr. 037300

Multiplikation und Division natürlicher Zahlen
55 S., vierfarb., DIN A4, geh.   Best.-Nr. 037310

Jahrgangsstufen 5/6

Grundlagen der Geometrie
55 S., vierfarb., DIN A4, geh.   Best.-Nr. 037302

Größen und ihre Darstellung
52 S., vierfarb., DIN A4, geh.   Best.-Nr. 037303

Flächen und Körper
67 S., vierfarb., DIN A4, geh.   Best.-Nr. 037305

Jahrgangsstufe 6

Teiler, Vielfache und Brüche
58 S., vierfarb., DIN A4, geh.   Best.-Nr. 037301

Bruchrechnung
47 S., vierfarb., DIN A4, geh.   Best.-Nr. 037304

Rechnen mit Dezimalbrüchen
43 S., vierfarb., DIN A4, geh.   Best.-Nr. 037312

Jahrgangsstufen 7/8

Prozent- und Zinsrechnung
48 S., vierfarb., DIN A4, geh.   Best.-Nr. 037313

Terme
53 S., vierfarb., DIN A4, geh.   Best.-Nr. 037314

Statistik und Wahrscheinlichkeitsrechnung
78 S., vierfarb., DIN A4, geh.   Best.-Nr. 037316

Lineare Gleichungen und Ungleichungen
52 S., vierfarb., DIN A4, geh.   Best.-Nr. 037325

Geometrie
86 S., vierfarb., DIN A4, geh.   Best.-Nr. 037322

Rationale Zahlen
49 S., vierfarb., DIN A4, geh.   Best.-Nr. 037326

Zuordnungen und Funktionen
71 S., vierfarb., DIN A4, geh.   Best.-Nr. 037323

Jahrgangsstufen 7 – 10

Volumen
80 S., vierfarb., DIN A4, geh.   Best.-Nr. 037324

Jahrgangsstufen 9/10

Gleichungslehre
46 S., vierfarb., DIN A4, geh.   Best.-Nr. 037315

Statistik und Wahrscheinlichkeitsrechnung
45 S., vierfarb., DIN A4, geh.   Best.-Nr. 037317

Modellieren mit Excel
62 S., vierfarb., DIN A4, geh.   Best.-Nr. 037319

Wachstumsfunktionen
54 S., vierfarb., DIN A4, geh.   Best.-Nr. 037318

Übungen zum mittleren Schulabschluss
38 S., vierfarb., DIN A4, geh   Best.-Nr. 037327

Jahrgangsstufe 10

Trigonometrie
53 S., vierfarb., DIN A4, geh.   Best.-Nr. 037321

Schöningh Verlag
Postfach 2540
33055 Paderborn

Fordern Sie unsere Prospekte Mathematik Lernhilfen an:
Informationen 0800 / 18 18 787 (freecall)
info@schoeningh-schulbuch.de / www.schoeningh-schulbuch.de